O Universo de Perspectiva da Fórmula
revela a visão de mundo para o universo visível.

Título | Universo em perspectiva
Autor | Otto Ewald Heinrich Helmi Schulz
ISBN | 978-39-89230-545
Website: www.perspektive-universum.com

Idioma original alemão
A tradução do livro foi realizada pelo Google para o outro idioma, pelo que pode acontecer que certas interpretações sejam expressas de forma ligeiramente diferente da forma como foi explicada no original alemão. O autor não oferece nenhuma garantia quanto a isso.

O Universo de Perspectiva da Fórmula
revela a visão de mundo para o universo visível.

Desafia novamente a visão de mundo.

autor
Otto Ewald
Heinrich Helmi Schulz
nascido em 5 de junho de 1954
em Lüchow. Conhecimentos básicos
de engenharia elétrica então eu conheci
muitos deles ciências autossuficientes e com
alto motivação em física quântica e atômica,
termodinâmica, ciência dos materiais, cosmologia,
teorias do caos, gestão do tempo, tecnologia climática
filosofia, construção, marketing, Literatura, Biologia,
administração de empresas e somente a partir
dessa mistura de caos isso poderia acontecer
know-how em meu livro. O conceito geral
do universo tantas ciências um no
outro que só através uma
quantidade incrível de
pensamento era
possível tal coisa
resultado que
estar.

Biografia com meu modo de vida quase completo.

Nasci numa pequena área rural perto de Lüchow, no distrito de Dannenberg, em 5 de junho de 1954. Quando eu tinha 6 anos, meus pais se mudaram para Bielefeld e ali cresci minha vida.
Só muito mais tarde é que percebi que estava naturalmente muito curioso, pois já estava a mexer na perigosa electricidade da casa quando tinha 7-8 anos. Não havia disjuntores diferenciais aqui que salvariam sua vida se um choque elétrico forte e impensado pudesse ocorrer. Mas eu só soube disso mais tarde. Mas provavelmente tomei muito cuidado, caso contrário não seria capaz de escrever este livro hoje. Então, sem saber, a eletricidade era um assunto muito interessante. Depois de terminar o ensino médio, comecei imediatamente meu aprendizado como engenheiro elétrico e tive muito a ver com rádio e televisão. O que quero dizer é que os comprei numa coleção de sucata em Betel por muito pouco dinheiro e depois os consertei num mercado de pulgas em Bielefeld e os vendi em condições de funcionamento. Foi um bom negócio porque não havia mesada em casa. Então consegui financiar algumas coisas. Meu extenso treinamento durou 3,5 anos, durante os quais também tive acesso a outras áreas da empresa, como a tecnologia de ar condicionado da IBM, já desatualizada na época, e insights sobre a usina nuclear do Weser. Também me familiarizei muito com técnicas de isolamento contra som e calor/frio. Imediatamente após meu aprendizado, eu queria mais e comecei a trabalhar como técnico de sistemas de elevadores na empresa de elevadores Flohr-Otis. Isso foi muito interessante e me levou ao limite, ainda era tudo tecnologia elétrica analógica, não como hoje, onde basta substituir alguns módulos de chip e tudo volta a funcionar. Os cientistas da computação estão fazendo isso hoje.
Em 1974, ingressei na Marinha Alemã em Kiel como técnico em eletrônica de armas de superfície.
O que descobri lá foi comparável à série Apollo para o pouso na Lua. Meu trabalho era controlar os centros de computação individuais e o centro de operações na ponte, para que tarefas de coordenação precisas para o controle de fogo dos foguetes e torres de canhão pudessem ser transmitidas através deste sistema WDE.

Depois de minha passagem pela Marinha, que abriu minha vida ao interesse pelo universo, tive a sorte de discutir as estrelas com um oficial enquanto estava no mar. Porque fiquei curioso sobre o trabalho dele. Ele estava sempre brincando com um sextante à noite, e foi assim que começamos a falar sobre as estrelas. Isso ficou comigo até hoje, devorei as informações sempre que pude. Quando descobri a existência de buracos negros no final da década de 1970, isso literalmente ferveu dentro de mim. Mas a seriedade da vida tomou conta de mim novamente depois da Marinha em Flohr-Otis. Devido à actual crise do petróleo fui transferido para Colónia e não gostei nada disso, por isso mudei para uma empresa de equipamentos hidráulicos e de elevação. Foi aqui que forjei o meu futuro, porque senão não conseguiríamos nada e não conseguiríamos progredir. Os ganhos eram muito para morrer e muito pouco para viver. Comecei uma família com minha primeira esposa em 1977 e tivemos 3 filhos. Anteriormente, tornei-me autônomo e vendi sorvetes e fiz marketing de vários outros itens. Em 1985 expandi meu negócio para reformas e compra e venda de imóveis. Para dominar melhor o complexo negócio imobiliário, fiz um curso por correspondência de 2 anos com frequência no WAK em Kiel. Porque o tempo era um bem precioso para mim.

Quando os meus três filhos quase não tinham aulas na escola porque os refugiados da RDA ocuparam todas as salas (1987-1988). Decidi emigrar relativamente rápido. Porque esse era o mesmo dilema de hoje, em setembro de 2023. Mudamo-nos para Málaga Mijas, na Costa del Sol, e os meus filhos frequentaram uma escola alemã no estrangeiro. Então, muito tempo foi desperdiçado com duas pernas e voando para frente e para trás. Até que decidi completamente pela Espanha. Em 1996, minha esposa e eu nos divorciamos e meus filhos receberam treinamento na Alemanha.

Conheci minha atual esposa e juntos abrimos uma sorveteria na primeira linha da praia de Fuengirola. Este negócio me apoia há 5 anos. Durante esse período lutamos juntos e não foi fácil construir uma boa base. Até hoje minha esposa começou a carreira em um banco, e depois isso não era mais compatível com o meu negócio. Casamos em 2002 e tivemos 2 filhos. Mudei da sorveteria para a instalação e venda de sistemas de ar condicionado e, com o tempo, avancei para a tecnologia solar. O programa incluiu grandes sistemas fotovoltaicos, bem como pequenos sistemas térmicos para tratamento de água quente. As obras completas de reforma e construção de casas também foram incluídas na gestão.

Já que a mim (ou a todos nós) da Marinha Federal foi dada a parte importante da vida para manter a saúde, por assim dizer, como marca. Porque em todos os portos onde estávamos ancorados a corrida acontecia por etapas dependendo do relógio. A corrida mais difícil foi em Norfolk, EUA, a cerca de 45°C à sombra. É por isso que sempre mantive a forma na vida. A partir dos 22 anos, corri de 10 a 15 km a cada 2 a 3 dias até me aposentar. No tempo de preparação para as 17 maratonas da minha vida (42.195 metros), mas com cerca de 200 km/semana durante 6-8 semanas como treino e além disso havia o esporte mais suado que conheço, o squash. Os desportos náuticos, o golfe e o ténis eram então momentos de relaxamento onde se podia relaxar um pouco.

Em 2014 comecei com um conceito de mudança climática e abordei algumas empresas de energia. Mas como eles quase recebiam energia como larvas no bacon, eles não estavam interessados em fazer nada a respeito, por que deveriam? Tudo estava bem. Mas de alguma forma eu suspeitava que as coisas não iriam bem por muito tempo. Podemos ver isso agora mesmo na nossa frente. E as previsões são ainda mais sombrias.

É uma pena que fui diagnosticado com leucemia no início de 2018 e tive que passar por momentos difíceis até o início de 2023. Então estou convivendo agora com uma segunda doação de medula óssea, essa com sangue forte.

Durante esse período de longos intervalos mensais no hospital, comecei a escrever este livro com todos os meus pensamentos. Agora me pergunto: foi uma pena ter leucemia? Para ser honesto, às vezes fico feliz que a leucemia tenha acontecido, caso contrário este livro não poderia ter sido escrito, embora fosse uma tarefa difícil naquela época. Por isso, gostaria de pedir a vocês, queridos leitores, que me compreendam e recomendem este livro a seus amigos e conhecidos. É revolucionário e tenho certeza que farei história. Uma visão realista e compreensível do mundo em que vivemos está finalmente começando.

Esta visão de mundo que criei deve, naturalmente, resistir a qualquer crítica.
Somente com a menor dúvida ela seca na terra de ninguém, ou você se mantém atualizado com outras teorias não comprovadas até a próxima cosmovisão. Em qualquer caso, as teorias que nos são oferecidas atualmente podem ser comparadas a uma grande bolha de espuma (nossa visão de mundo atual) no mar. Se vierem algumas ondas (essa deveria ser a crítica), então não sobrará nada da bolha de espuma. .
Na minha avaliação, que até agora tem sido muito autocrítica, esta visão do mundo é como uma rocha na rebentação. A ciência examinará agora minhas declarações muito de perto. Isso é bom, para que todas as bobagens finalmente desapareçam de nossas cabeças. Porém, vocês, meus queridos leitores, têm a opinião final. Estou ansioso por qualquer comentário.
O que mais precisa de ser considerado aqui sobre esta mudança revolucionária na visão do mundo é que Copérnico teve os mesmos problemas no século XIV que tem hoje com este argumento a favor da nova visão do mundo. Demorou 200 anos até que a nossa Terra finalmente se tornasse redonda, porque antes era plana. Hoje gostaria de vivenciar este sucesso, graças às técnicas de comunicação, dependo de todos para dar o exemplo na luta contra as alterações climáticas. Porque este livro pretende abrir caminho para as energias renováveis.

Função da interface entre a física quântica e a relatividade geral?

Eu chamo isso:
COMPRESSÃO GRAVITATIVA DA DINÂMICA QUÂNTICA

O Universo de Perspectiva da Fórmula
revela a visão de mundo para o universo visível.

O Universo de Perspectiva da Fórmula
revela a visão de mundo para o universo visível.

A.) Prefácio introdutório dos pontos focais revolucionários.

O processo de repensar a humanidade leva a dificuldades organizacionais para fazer a diferença nas alterações climáticas. Simplesmente não existe um acordo concreto. A abolição dos combustíveis fósseis desafia a humanidade. O fardo das tempestades severas causadas pelas alterações climáticas é obviamente um factor que contribui. Caros leitores, vocês podem participar deste projeto. Para nos reposicionarmos organizacionalmente, os "factos" incorrectos devem ser eliminados. O que é necessário aqui não é organizar greves ou motins através de manifestações, como está a assumir proporções em todo o mundo que não podem ser justificadas, mas sim agir. Identifique-se com este documento e deixe seu pensamento fluir livremente.

A razão pela qual os reactores de fusão nuclear não podem ser usados para gerar energia no nosso planeta parece, à primeira vista, absurda e revolucionária contra a nossa ciência. No entanto, são necessárias evidências de caráter lógico que conduzam do universo a esta verdade para que a credibilidade desta afirmação se torne irrefutável. Galáxias e Formação do Sistema Solar nos mostra o fluxo real de energia para entender como os buracos negros no centro de cada galáxia permitem que a vida surja e, assim, impedem a fusão nuclear para a produção de energia em nossa Terra com nossas próprias leis físicas. Isto é ignorado por uma falácia oculta. A energia escura e a matéria escura também se tornam transparentes e compreensíveis, até mesmo as 4 forças básicas podem ser combinadas para formar um ponto simétrico na massa do buraco negro, embora existam provavelmente apenas 3 forças básicas. A fórmula do mundo galáctico revela questões não respondidas em várias áreas onde ainda não houve respostas. Detalhes intrincados de muitas áreas podem ser logicamente conectados com esse conhecimento, o que cria um quebra-cabeça complexo para a nossa visão de mundo na visão geral e fica claro para todos. Todas as declarações deste livro estão inseridas no quadro da lei da conservação da energia como prioridade máxima, mas apenas se as conclusões resistirem a qualquer "questionamento".

Com exemplos, explicações e esboços fáceis de entender você ganha credibilidade para a formação do mundo em nossas galáxias, mas apenas para o nosso universo visível. Críticas e contra-argumentos a outras imagens da criação do mundo desaparecem após uma análise mais detalhada, não importa onde esteja o ponto de partida, só há uma solução, razão pela qual os fluxos de energia formam os traços fundamentais da verdade num universo. Não

sabemos quais forças naturais construíram o nosso universo, mas a perfeição que resultou dos mínimos detalhes tem um significado no conceito geral. Cada membro quântico tem uma função a cumprir e o menor de todos é o neutrino com precisão superior no mecanismo de controle das galáxias e dos sóis, e ainda é ignorantemente chamado de neutrino fantasma. Sem esses neutrinos fantasmas, a vida não poderia se desenvolver.
Prepare-se para explicações emocionantes e até revolucionárias que mudaram fundamentalmente o século XXI. Muitas explicações importantes vêm à tona repetidamente como repetições ocultas. Acho importante que todos tenham isso diante de si no momento da leitura e não tenham que procurá-las por muito tempo em outros capítulos.

B.) Prefácio Fluxo de energia.

A matéria interestelar não pode ser usada para formar o sol. Não existe mudança ativa de energia que seja capaz de moldar todos os fenômenos de um sistema solar. (veja a lei de conservação de energia da Internet) Como o domínio de uma galáxia é controlado a partir do centro, o segredo para uma explicação também deve estar aí.
A forma como as galáxias se formam só pode ser identificada através da mudança nos traços de energia. Isto significa que a formação de galáxias ou sistemas solares só pode ser comprovada através dos vestígios do fluxo de energia. As condições estruturais físicas do nosso mundo atómico não devem ser violadas de forma alguma. Com a minha teoria gostaria de explicar detalhadamente este fluxo de energia e descrevê-lo em profundidade para que nenhuma pergunta fique sem resposta. O ÚNICO mundo quântico nunca poderá chegar até nós analiticamente.
Bilhões de toneladas de matéria que são ejetadas do Sol a cada momento posteriormente se credenciam à massa SL. Essa massa na forma de radiação galáctica e matéria atômica se acumula a partir de bilhões de substâncias do vento solar. Acompanharei todo o processo de formação de sistemas solares ou outros fenômenos neste livro. Por exemplo, a visão científica atual de que os sóis foram criados a partir de nuvens de matéria e poeira estelar através do colapso não é apenas absolutamente inacreditável, mas também um completo hocus pocus devido às leis do estado termodinâmico da matéria. Um número incrível de regras físicas básicas se contradizem aqui. Basta pensar no momento angular, nas velocidades de rotação e na distribuição de massa, incluindo as 180 luas, a nuvem de Oort, bem como a velocidade do Sol em

cerca de 800.000 km/h. em sua circulação. Cada sistema solar é um mecanismo de relógio altamente complexo, pelo que os princípios básicos de orientação listados não podem simplesmente surgir e adaptar-se de acordo com as velocidades; isto deve poder ser explicado em profundidade, até ao mais ínfimo cálculo, para que seja compreensível. Os problemas não resolvidos da astrofísica e da cosmologia encaixam-se como um puzzle na minha teoria da compressão gravitacional da dinâmica quântica.
Isso me força a focar no que vejo e não no que quero ver. Com essas fórmulas mundiais, que também são apresentadas aqui, as fantasias têm um grande terreno fértil, mas as violações das leis energéticas indispensáveis são um tabu. Enquanto estes estiverem 100% sob controle, os contra-argumentos só poderão ter sentido na apresentação se, ao interpretar as explicações, todas as leis físicas sempre puderem ser comprovadas como mantidas e não violadas.

C.) Prefácio Fórmula Mundial.

Uma declaração adequada para uma fórmula mundial descreve as 4 forças básicas para criar simetria, que é o pré-requisito para nós, humanos. (Minha opinião, são apenas 3, vocês, queridos leitores, decidam por si mesmos depois). Para superar ou integrar matematicamente esse obstáculo, a matéria desconhecida da massa SL deve ser de alguma forma reconhecida, o que encontra compatibilidade com uma constante, uma vez que só pode haver uma forma de formação de galáxias, que só pode ser vista a partir do surgimento e transformação de folhas de energia. Este assunto ainda desconhecido só pode ser identificado por nós, humanos, de forma lógica. Jamais chegaremos perto desse assunto para realizar pesquisas. Fórmulas matemáticas também não podem ser usadas porque a base física seria quebrada. A menos que se pudesse calcular matematicamente a força em kg/cm^3 que seria necessária para comprimir ou dissolver as conchas atômicas sob a pressão da gravidade, o que ocorre na massa SL.

D.) Direitos autorais sobre propriedade intelectual com intenção científica.

Todo o conteúdo deste livro da Perspective Universum está ancorado e sujeito à lei alemã de direitos autorais. Qualquer reprodução, revisão, distribuição ou uso comercial requer um contrato de licença por escrito do autor do livro. Todas as cópias do conteúdo do livro, incluindo traduções para outros

idiomas, só podem ser usadas para seu uso privado. Portanto, não é permitido qualquer uso comercial do conteúdo. Como todo o conteúdo foi criado exclusivamente pelo autor, nenhum direito autoral de terceiros precisa ser levado em consideração. No entanto, se você encontrar um aviso que ofusque meus direitos autorais, por favor me avise para que eu possa reagir adequadamente para não infringir outros direitos autorais dos quais ainda não fui informado. Os direitos autorais se aplicam a todo pensamento acadêmico que não tenha sido oficialmente tornado público até a data de publicação deste livro. Portanto, todos precisam de um contrato de licença do autor deste livro para repassá-lo a outras partes interessadas e leitores, bem como a usuários. Isto inclui principalmente todos os esboços do conteúdo para as explicações da interface, etc. entre a física quântica e a teoria geral da relatividade, que também representa a explicação do movimento perpétuo dos reatores de fusão nuclear, com o resultado de que os reatores não funcionam para gerar energia. Todas as outras divulgações que se enquadram nos direitos autorais são listadas separadamente para que nenhum aviso possa surgir devido a negligência por parte dos leitores. As violações serão processadas e advertidas pela representação legal e pela VG Wort. Minha associação fornece uma base legal para isso na Seção 7 da Lei de Direitos Autorais. Por favor, respeite isso para que nenhum inconveniente ocorra. A permissão para encaminhá-lo a terceiros é dada com o link para compra do livro ou e-book e é aceita, mesmo muito desejada. Gostaria também de assegurar-lhe que nada neste livro foi copiado de outros meios de comunicação ou retirado do conhecimento intelectual de outras pessoas, exceto as descobertas científicas corretas existentes, que devem ser incorporadas nas minhas declarações. No entanto, nenhuma reivindicação de direitos autorais é feita para isso. Isso significa que não há direitos autorais de terceiros. Deste ponto de vista, toda a obra, em conexão com todos os problemas levantados na cosmologia, está sob total e exclusivo direito autoral do autor.
Gostaria de enfatizar expressamente isto porque muito conhecimento adequado do passado com a investigação científica deve fluir automaticamente para esta minha constituição revolucionária, a fim de dar a tudo isto um carácter credível devido às condições de enquadramento físico existentes que existem há décadas. . Trata-se de uma interferência entre diferentes áreas científicas, que assim se fundem. A referência desta ciência baseia-se apenas no mundo atômico, uma vez que ninguém ainda descobriu a interface entre a física quântica e a teoria da relatividade, esta é a base para todos os direitos autorais listados. Através das minhas revelações, muitas pessoas são retratadas de forma difamatória sem a minha intenção,

infelizmente isso não pode ser evitado devido às minhas teorias, que se transformam em realidade justificada, e peço a sua compreensão. Os direitos autorais listados aqui estão relacionados aos 10 tópicos principais a seguir. Com essas descobertas você ficará fascinado, a tensão aumenta com os mistérios de capítulo em capítulo, pois são respostas a questões que nossa ciência global coloca como fatos ainda não resolvidos. Você mesmo pode consultar todos os direitos autorais na Internet, que são oferecidos lá.

1. Fórmula do mundo galáctico baseada na lei da conservação da energia com a interface entre a teoria quântica de campos e a relatividade geral.
2. Descobrindo a energia escura.
3. Formação do sistema solar desde o início até o fim esperado.
4. Que a regeneração por fusão nuclear não pode funcionar na Terra.
5. Explicação da matéria escura e sua razão de existência.
6. Afirmação das 3 forças básicas, em vez das 4 forças básicas.
7. Negação da expansão do espaço.
8. Formação da Nuvem de Oort do início ao fim.
9. O conccito de alterações climáticas eficientes apresentado com o esboço.
10. Resultado demonstrando que o Sol está sujeito a análise de erros.

O advogado é responsável por fortalecer meus direitos à proteção de direitos autorais
Richard Wachmann Neue Bahnhofstrasse 2, 10245 Berlin, Alemanha
Telefone +049 30 3039840 E-mail: Wachmann@fachkanzlei-socialrecht.de
Sempre pronto para negociar contratos de licença e fornecer consultoria.

1.) Resumo aproximado.

De acordo com este modelo, sabemos que tudo o que é visível no cosmos não poderia ter sido criado por um Big Bang. Caso contrário, os fluxos de energia no cosmos não seriam mostrados como podem ser claramente vistos hoje através de telescópios como o Hubble, Keppler, James Webb ou o mais recente da ESA/Euclid.

O modelo padrão da relatividade geral só é aplicável ao mundo atômico que evoluiu em um sistema solar. O mundo quântico deve ser visto de uma maneira diferenciada, tem 99,9999% da massa de todo o universo e está localizado nas massas SL e nos núcleos solares e nas estrelas de nêutrons, bem como nos quasares, etc. seus planetas, exceto o Sol, têm cerca de 0,0001% da massa atômica, provavelmente ainda menos porque as massas do SL contêm uma quantidade incrível de matéria. O mundo da matéria comprimida, que explicarei aqui, podemos então imaginar, mas não pode ser examinado em laboratório na sua totalidade (massa SL ou núcleo solar). Este é o mundo das partículas elementares completas em estado absolutamente comprimido. O objetivo da nossa ciência é conectar os dois mundos, e consegui isso com a explicação da compressão gravitacional da dinâmica quântica. Chamei essa combinação de palavras dessa forma porque ainda não existe uma teoria semelhante para a visão de mundo visível. Com passos lógicos, todas as questões não respondidas no nosso universo visível levam a uma solução e todo o puzzle apresenta-se de forma nítida e compreensível para todos como um modelo de fórmula mundial. Surge uma perspectiva completamente diferente, que até revela as mentiras arraigadas de Albert Einstein sobre a curvatura do espaço-tempo e finalmente dá lugar a novas descobertas e pode ser reconhecida de uma forma compreensível. Um dos vários diagnósticos errados é essencial para a sobrevivência da nossa Terra; esperamos que não nos acompanhe, humanos, por muito tempo devido à resistência obstinada dos físicos da fusão nuclear. Isto se refere à tentativa de gerar altos níveis de energia para o futuro utilizando reatores de fusão nuclear. Através dos processos de formação do sistema solar, a energia primária correta do Sol foi revelada, razão pela qual os reatores de fusão nuclear não funcionam aqui na Terra. Não há reconhecimento oficial da nossa ciência aqui para finalmente parar o movimento perpétuo dos reatores de fusão nuclear. , de modo que desaparecem as ilusões que foram construídas ao longo de décadas com subsídios de três dígitos. Bilhões de somas podem ser enterrados.

Poderá então investir totalmente em energias renováveis para que as alterações climáticas possam finalmente ser atenuadas.

2.) Requisito básico de energias de ligação.

Para que a fórmula mundial da formação das galáxias seja completamente compreendida, a energia de ligação é um dos pré-requisitos mais importantes. As energias de ligação estão ocultas nos processos químicos diários, sejam estes processos metabólicos ou as condições climáticas diárias. Nas centrais nucleares, apenas pequenas quantidades das energias de ligação do urânio são libertadas e vemos que a força nuclear forte liberta parte da energia de ligação. Isso significa que em cada núcleo atômico com seus elétrons existe uma certa energia de ligação, medida em MeV por exemplo. (MeV= megavolts elétricos/núcleo atômico).
Nosso mundo, tudo que podemos tocar, eu diria mesmo, em todos os lugares onde podemos voar, é feito de átomos. Vivemos num mundo nuclear.
O nosso sol, assim como todos os outros sóis, apenas nos mostram o seu lado atómico, mas ninguém viu a massa do SL ainda porque nenhuma radiação luminosa é emitida a partir daí, pelo que a luz nem sequer é criada através da fusão nuclear. No entanto, se uma estrela de nêutrons ou um magnetar for visível para nós, é uma matéria não atômica, mas apenas uma compressão residual de nêutrons e prótons, em que a matéria da massa SL está no núcleo e por alguma razão a fusão nuclear ocorreu. terminou em direção à superfície. Originalmente, tal estrela de nêutrons pode ter sido um sol que foi vítima de uma aberração, ou pode ter o direito de existir através dos processos teóricos do caos que formaram a galáxia como um todo. É bem sabido que esses corpos celestes pesados têm gravidade excessiva. Desde hoje presume-se que sejam remanescentes de sóis existentes. Mesmo que antes não existissem sóis, esses fenômenos devem ter surgido de alguma forma. Tudo isso será esclarecido.
É aqui que a energia de ligação é explicada pela primeira vez, por exemplo. Definitivamente ocorreu uma transformação de um processo. Uma etapa de energia de ligação foi interrompida. O que aconteceu, como isso pode ser possível? Uma energia de ligação sempre tem algo a ver com a energia que a afeta externamente. Cada energia de ligação tem um limite de resolução que pode ser excedido até que nenhuma outra etapa de energia de ligação possa ser habilitada. Após a explosão de uma bomba atômica, essa energia de ligação não existe mais. Este é o passo final na massa SL até o nível em que

todas as famílias Quark são gratuitas. Nesta concentração, um cm3 de matéria da família dos quarks tem um peso de pelo menos 90 trilhões de toneladas e todos os elétrons liberados atingem 10^{20} Tesla ou muito mais em intensidade de linha dc campo.
Vários gases, como hidrogénio, azoto ou oxigénio (e muitos mais) podem ser comprimidos aqui na Terra. Então a massa líquida comprimida contém grande parte da energia com a qual esses gases são forçados a se comprimir. Uma energia de ligação foi criada em um nível muito fraco. A pressão da água em uma barragem cheia também pode ser descrita como energia vinculativa para gerar eletricidade. Com a gravidade da nossa Terra a 10.000 metros de profundidade do mar, teríamos uma pressão de 1.000 bar, o que também é energia de ligação. Até a nossa atmosfera gera uma pressão de cerca de um bar ao nível do mar. No último exemplo, com 1.000 bar, a gravidade da nossa Terra poderia facilmente comprimir um gás em líquido. Para dar mais um passo na energia de ligação, o material líquido ou sólido teria que ser comprimido. Como o nosso mundo consiste em massa atómica, não é possível comprimir um material sólido aqui, simplesmente não existe material em si que possa suportar a contrapressão se a energia para a pressão puder ser obtida. Esta é uma teoria puramente lógica.
Tudo indica que esta etapa é possível na massa SL para que tudo funcione como podemos entender em muitos exemplos demonstrativos do universo com o fluxo de energia. As diferentes etapas da energia de ligação são explicadas para que haja um bom entendimento nos capítulos seguintes.
As quatro (3) forças básicas têm uma interação fundamental. Gravidade, força eletromagnética, força nuclear fraca e forte. Todas as quatro forças básicas definitivamente entram em ação no mundo atômico. No entanto, apenas a gravidade e a força eletromagnética existem na massa SL. O tamanho da concha atômica foi anulado pela gravidade e, portanto, não existe mais. No entanto, como não há evidência do chamado gráviton na família dos quarks, uma vez que ainda não foi encontrado, esta falha em encontrar o gráviton sugere que a força eletromagnética básica é responsável por isso. Mais sobre isso mais tarde. Esta energia de ligação da massa SL espera até que triliões de sóis se formem como resultado de uma colisão entre dois buracos negros e depois volta a ser matéria atómica no Sol. Esse seria o efeito solução da massa SL. O que acontece na primeira etapa da energia de ligação? Do mundo atômico, ou seja, do mundo atômico (que está sendo dissolvido) ao mundo do núcleon. Vou me referir a esta etapa como A1 a N1 posteriormente nas explicações. A uma pressão de matéria de um bilhão de km de altitude, este passo de energia de ligação pode ser alcançado. Talvez

mais cedo ou mais tarde, porque 1 bilhão de km é muito pouco, você perceberá isso mais tarde. A segunda etapa de energia de ligação na massa SL vai do nível do núcleon até os quarks localizados nos núcleons. Esta etapa é referida como N1 a Q1. Este passo será alcançado nos próximos mil milhões a biliões de quilómetros. Aqui também, talvez mais tarde ou mais cedo. Q1 é, portanto, a matéria primária na massa SL de um chamado buraco negro, que não tem mais nada em comum com um buraco, mas é o oposto absoluto, matéria altamente comprimida.

Quando as camadas atômicas se dissolvem de A1 a N1, a força nuclear fraca é armazenada na energia de ligação N1. De N1 a Q1 a força nuclear forte, embora estas duas não existam mais na massa SL. Somente através da acreditação de mais matéria a força eletromagnética cresce com a gravidade. (para detalhes veja matéria desconhecida)

Durante o feedback, quando os sóis se separam da massa SL devido à colisão, falta a gravidade anteriormente elevada para que a energia de ligação possa se desenvolver. A energia de ligação liberada na primeira etapa é chamada de Q2 a N2. O que podemos ver então é o último N2 a A2, que é como o sistema solar se formou no ambiente inicial e muito quente. (Aqui também, tudo em formação do sistema solar).

Não confunda: Processo de compressão na massa SL = A1 a N1 e depois N1 a Q1. Este é o processo de absorção de matéria na massa SL.

Processo de descompressão ao sol, ou seja, quando o sol está brilhando, como sempre. = Q2 para N2 e depois N2 para A2 em nosso mundo atômico.

Energias de ligação

O núcleo atômico pode ser imaginado em todas as variações da tabela periódica.
Com uma interação teórica do caos dos eletrões
deixemos que todas as nossas galáxias comecem de novo e de novo.

OES
Perspektive Universum
© 2023, Otto Ewald H.H. Schulz

Nossa Terra e todo o sistema solar foi criado graficamente desta forma. Isso é o ciclo de energia em uma galáxia. Isso significa que está em todos Galaxy funciona de forma semelhante e portanto, em todos os lugares do universo as mesmas condições governar.

A força nuclear forte atua na fase Q2 e entra na fase N2. Aqui
Os núcleos são então criados para todos os elementos 118 peças.

Etapa de energia de ligação Q2 aos hádrons.
Os neutrinos também estão aqui liberado da massa SL, o forte Poder nuclear.

Neutrinos

As etapas de energia de ligação Q2 a N2 e A2 da família do quartzo ao átomo.

O glúon é a força de ligação os prótons e nêutrons mantém unido. Força Interação.

Desenvolvimento de processos de as fases Q2 via N2 A2 exatamente descrito abaixo capítulo Versão extra: “Fórmula mundial das galáxias”.

Um dos incontáveis Tomar sol no nosso Universo.

Tamanho do núcleo atômico 10^{-15m}

Q2

Crash dos dois Massas SL, o resultado Trilhões de sóis.

Tamanho do núcleo atômico 10^{-10m}

Tamanho do eléctron 10^{-19m}

N2

Magnitude dos quarks 10^{-18m} bis 10^{-19m}

A força nuclear fraca surge pela energia de ligação de N2 a A2 deve haver 2 independentes Existem fases, caso contrário o sol explodir como um balão de gás.

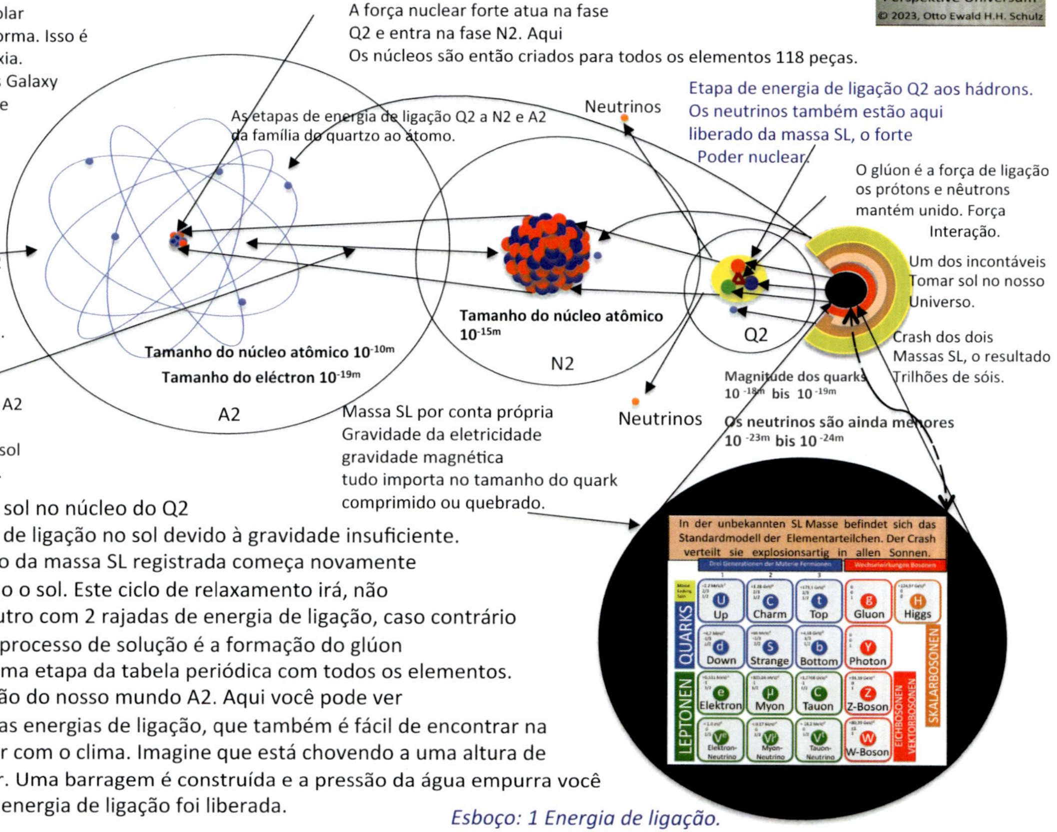

A2

Massa SL por conta própria
Gravidade da eletricidade
gravidade magnética
tudo importa no tamanho do quark
comprimido ou quebrado.

Neutrinos

Os neutrinos são ainda menores 10^{-23m} bis 10^{-24m}

In der unbekannten SL Masse befindet sich das Standardmodell der Elementarteilchen. Der Crash verteilt sie explosionsartig in allen Sonnen.

Drei Generationen der Materie Fermionen | Wechselwirkungen Bosonen

QUARKS: Up, Charm, Top; Down, Strange, Bottom
LEPTONEN: Elektron, Myon, Tauon; Elektron-Neutrino, Myon-Neutrino, Tauon-Neutrino
Gluon, Photon, Z-Boson, W-Boson — EICHBOSONEN VEKTORBOSONEN
Higgs — SKALARBOSONEN

Este processo de fusão do sol no núcleo do Q2
é dissolvido como energia de ligação no sol devido à gravidade insuficiente.
Aqui o ciclo de compressão da massa SL registrada começa novamente
para trás para relaxar como o sol. Este ciclo de relaxamento irá, não
Devem controlar um ao outro com 2 rajadas de energia de ligação, caso contrário
O sol explode. O primeiro processo de solução é a formação do glúon
N2, que então leva à próxima etapa da tabela periódica com todos os elementos.
Este é o status final da fusão do nosso mundo A2. Aqui você pode ver
A forma como funcionam as energias de ligação, que também é fácil de encontrar na
nossa terra Pode comparar com o clima. Imagine que está chovendo a uma altura de
500 metros O nível do mar. Uma barragem é construída e a pressão da água empurra você
Gerador no vale abaixo. A energia de ligação foi liberada.

Esboço: 1 Energia de ligação.

3.) Condições do enquadramento físico.

Agora, uma declaração concreta sobre as condições estruturais nas quais irei e devo me mover de acordo com as nossas leis físicas. Mas você nunca deve esquecer uma coisa! O mundo surgiu há muito tempo, quando nós, humanos, ainda não tínhamos nossas leis matemáticas e físicas básicas, mas as galáxias já funcionavam perfeitamente, ninguém sabe por quanto tempo. Todas as palavras complicadas, expressões e possíveis modelos padrão, hipóteses e fantasias há muito trazem ideias contraditórias à discussão. Principalmente as questões não resolvidas. Também se pode dizer que a cosmologia está de alguma forma num beco sem saída ou em crise; as coisas no espaço tornam-se visíveis através dos nossos telescópios, a partir dos quais não é possível encontrar nenhuma ligação concreta na teoria do Big Bang e no Modelo Padrão. Aqui deve ser incluída a massa SL da matéria desconhecida, que ainda não conhecemos. Outros exemplos As versões estão disponíveis em diversas categorias, o que aumenta a confusão, mas a função do que está acontecendo no espaço é relativamente simples se você puder acompanhar todo o fluxo de energia e descrevê-lo em detalhes, como neste livro. A visão de mundo apresentada da formação de galáxias deve então ser claramente considerada para que cada questão possa esperar uma resposta transparente. A indefinibilidade da energia gravitacional leva a níveis incompreensíveis em muitas teorias de cosmovisão. Você ouve isso em muitos documentários e os neutrinos são chamados de fantasmas voadores. Eu descobri a razão de ser desses neutrinos; eles não são fantasmas, mas têm uma função para nós, humanos, na existência do sistema solar.

3.1.) Condição estrutural de compressão gravitacional da dinâmica quântica.

Só há orientação para isso na mecânica quântica geral, para que a energia gravitacional possa ser acomodada, mas não há constante de energia para a compressão da matéria (que foi descrita anteriormente) que se contrai nesta matéria desconhecida de massa SL. Eu chamo isso de compressão gravitacional da dinâmica quântica. Neste ponto, a nossa ciência deve ser desafiada a fornecer maior clareza através de evidências. Ideias para inspirar insights básicos são os primeiros passos. Vocês, meus queridos leitores, podem participar do lançamento de um raio laser de ideias sobre pesquisa. Na massa SL, o material atômico previamente consumido energeticamente é comprimido e depois volta ao nosso mundo através do Sol através da energia primária no núcleo do Sol para formar o formato de concha atômica. Este passo na descompressão é provavelmente o segredo do núcleo solar, que emergiu da colisão de duas massas SL. Pode-se dizer que cada galáxia funciona de forma independente, mas não é um sistema fechado; as energias podem passar de uma galáxia para outras galáxias. Isto pode ser visto pela existência de galáxias menores e de sóis individuais muito livres fora das galáxias. As massas SL, ou seja, a matéria escura, circulam invisivelmente entre as galáxias, representando possíveis 20-30% (ou mais?) Do total de galáxias. A resposta pode ser encontrada aqui nas explicações da matéria escura.

3.2.) Condições estruturais da fórmula mundial nas galáxias.

Com esta fórmula mundial, a vida de uma galáxia pode ser compreendida, assim como a formação do sistema solar. Ao fazê-lo, as condições-quadro exigidas por nós para o cumprimento no nosso mundo nuclear permanecem invioladas. Dado que, na minha opinião, este fluxo e refluxo das galáxias já dura biliões ou mais de anos, deveríamos contentar-nos com a forma como o mundo que nos rodeia funciona até talvez 20 mil milhões de anos-luz de distância, no futuro. Em algum momento, tantas galáxias irão obscurecer a visibilidade da luz que chega das galáxias até que mesmo o telescópio final não será mais capaz de encontrar uma lacuna nítida. A amplitude do deslocamento da luz vermelha também é automaticamente cancelada pela distância. A questão de onde vem o assunto nem deveria ser colocada. A questão do tamanho do espaço também é um tabu. Ainda não há uma resposta concreta para isso em nossa era evolutiva. Mas estamos lentamente sentindo a saída, o que provavelmente termina em algum lugar com minha descrição. Não conheço nenhum outro método além da análise da amplitude das ondas de luz. Mas de que adianta ver isso até agora, a mesma coisa está acontecendo muito perto de nós? Porque é o mesmo jogo em todos os lugares, basta olhar pela porta da frente.
As expectativas de uma fórmula mundial referem-se principalmente ao início da massa, ou seja, aos primeiros membros da família dos quarks, quando, onde e como surgiram estas partículas elementares? Se eles estivessem lá, de onde vieram? Energia, tempo e espaço resultam da massa, mas quando se

trata da questão de onde vem a massa, aparece uma parede invisível que é transparente, mas nada pode ser visto por trás dela.
Há algum tempo tenho me perguntado se os membros da família dos quarks podem se formar do nada por meio de concentrações de elétrons incrivelmente altas (forças magnéticas muito, muito altas), porque a capacidade dos elétrons é o seu movimento, que não para em lugar nenhum. Seja conosco no mundo atômico ou na matéria escura. Ou seja, de onde vem a energia dos elétrons? Por que eles estão sempre em movimento? Flutuações ou nervosismo?

4.) Como surgiu a ideia da fórmula mundial?

A centelha de ideias para a fórmula mundial desenvolveu-se de forma relativamente rápida e não surgiram preocupações quando se considerou a lei da conservação da energia. O fluxo de energia de uma galáxia forneceria assim provas de que uma análise de erro da energia primária (actualmente hidrogénio) do nosso Sol não pode ser implementada para testar o reactor de fusão nuclear na Terra para gerar energia. A tecnologia do reactor de fusão nuclear foi, portanto, erroneamente orquestrada pela nossa ciência muito ultrapassada (há mais de 50 anos) sem muita reflexão. Para que esta ilusão de produção de energia seja finalmente abandonada, serão necessárias provas fundamentais. A investigação sobre este espectro da fusão nuclear tem sido realizada aqui há mais de 50 anos, não é de admirar que tenha tido sucesso, não é? A partir do espectro de luz do Sol, é correcto concluir que estão envolvidos processos de fusão nuclear com uma elevada proporção de hidrogénio. Mas como só podemos estimar aproximadamente a camada externa até a cromosfera com a coroa solar. A fusão nuclear pode ser concluída a partir do espectro de luz do Sol, mas o núcleo do Sol permanece um segredo inviolável garantido. Como todo mundo pensa que o Sol é feito de hidrogênio, digo apenas "bolha". Para poder examinar os tesouros secretos escondidos e ver o que realmente se passa lá dentro, o LHC está disponível para especulação com análise de neutrinos (Katrin Neutrino Scales). Isto poderia revelar o erro de análise da energia primária no núcleo do Sol. Até então, tudo o que me resta pessoalmente é rastrear a energia que o Sol tem emitido constantemente durante vários bilhões de anos, em vários estados de agregação com temperaturas correspondentes. Se não houvesse ciclo de energia aqui, eu estaria errado em meu pensamento; tudo o que está escrito aqui não teria surgido. A partir disso, a lógica é esperar, em última análise, uma liberação de energia dos sóis e uma absorção de energia nas massas SL. O que por sua vez dá origem à lógica de que o espaço, com as suas galáxias em vários estágios de desenvolvimento, funciona agora através da observação. Isso é exatamente o que descobri em diversas áreas de foco para provar isso com este livro.

5.) Espanha: Como a escala da galáxia proporciona uma melhor compreensão.

O exemplo em escala real da Espanha, com seu diâmetro quase real de aproximadamente 1.000 km, é ideal para viver nos tamanhos astronômicos de uma galáxia como a nossa e do universo como um todo, que vemos na realidade, mas não podemos desenvolver uma imaginação adequada para o tamanho. Isso torna muito mais claro para a nossa imaginação processar melhor isso para realmente poder visualizar e penetrar na galáxia da Via Láctea. Em escala, são 100.000 anos-luz, o que corresponde a 1.000 km de Espanha em diâmetro. Neste caso, o nosso sistema solar medido até à Cintura de Kuiper teria apenas o tamanho de um pequeno grão de bico com um diâmetro de aproximadamente 15 mm. A Terra estaria a apenas 0,158 mm de distância do Sol e a estrela mais próxima (Alpha Centauri) está a quase 43 metros de distância. Estas distâncias por si só indicam que o sistema solar emergiu do sol. A velocidade e outros detalhes reforçam esta afirmação em explicações posteriores.
Na capital Madrid imaginamos o centro e em algum lugar existe a massa do SL, mas qual o tamanho dessa massa? Ninguém sabe! Você não pode medi-los. Você sabe disso? O que você pode imaginar? Ninguém a viu ainda. Permanece oculto em todas as galáxias através do credenciamento dos sóis em órbita. Se as massas do SL forem vistas numa galáxia, o que já aconteceu, será de um calibre muito pequeno, que não pode ser comparado com o do centro da nossa massa do SL. Aqui, alguns sóis girariam relativamente rápido em torno de algo que só pode ser identificado como massa SL. Isto também é verdade, porque é o fim de uma longa vida útil para uma grande galáxia como a nossa ou ainda maior.
Assumimos 5 metros do centro de Madrid como diâmetro para um possível exemplo de massa SL. Portanto, um pequeno pedaço da metrópole de Madrid, com aproximadamente 25 km de diâmetro. Você não seria capaz de ver esses 5 metros de uma vista aérea a cerca de 100 km de altura, mas a Espanha como um todo poderia, como outras galáxias. Com um diâmetro de 5 metros na

escala espanhola, na realidade teria cerca de 6 meses-luz de diâmetro. Você percebe que a massa do SL deve ser incrivelmente grande, pois você poderia aumentar os 5 metros e ela ainda seria pequena. Se olharmos para Espanha desta altura, estes 5 metros só poderiam ser vistos como um ponto mínimo. Seria ainda mais claro ver a Espanha numa tela de computador com 20 cm de diâmetro. Nesse caso, essa massa do SL teria 5 metros no meio, o que teria diâmetro de 0,001mm. Este pixel nem aparece no computador. Na realidade, porém, haveria cerca de 40 triliões de massas solares que caberiam neste volume, tendo em conta que o Sol tem um diâmetro de 1,4 milhões de km, o que não corresponde à massa real de todo o Sol. Isto é espetacular e desafia a imaginação pela escala de tal massa do SL. Agora você percebe como este exemplo em escala transmite uma realidade notável para a realidade.
A rotação de uma galáxia também pode ser imaginada muito melhor calculando-a como uma galáxia estacionária, porque o nosso Sol leva cerca de 250 milhões de anos para orbitar a massa SL. Vamos imaginar que o pequeno grão de bico do nosso sistema solar está em uma folha de papel A4 sobre uma mesa em algum lugar da cidade de Córdoba. A velocidade relativa do Sol ao centro da galáxia é de cerca de 800.000 km/h e a distância até a massa SL em algum lugar de Madrid é de cerca de 270 km. Então, o grão-de-bico na folha DIN A4 avançaria aproximadamente 6,78 mm num ano, ou 0,56 mm por mês e 0,13 mm por semana. Essa seria então a rota em escala para o tamanho da galáxia de 1.000 km. Agora, se todos os sóis da nossa galáxia se movem aproximadamente à mesma velocidade (e na realidade o fazem, com pequenas exceções), a constelação estelar permanece imperceptivelmente a mesma e a rotação de uma galáxia, como é frequentemente mostrado em simulações de computador, é falsa e não correspondem à realidade. Os neutrinos então ajustam as distâncias entre os sóis de acordo. Além disso, o software para a simulação foi escrito em bases que não são baseadas na realidade. Não são apenas os poderes da energia escura que estão faltando aqui. Isso significa que a energia escura deve ser incluída no cálculo da simulação como um "neutrino fantasma" no software, o que será muito bem explicado posteriormente. Isto deve ser levado em conta nestas considerações e não aumentar a confusão.
Isto abre a porta para becos sem saída como ponto de partida para pesquisas futuras, onde nenhuma outra saída pode ser encontrada para responder às muitas questões não resolvidas da cosmologia. Isso também aconteceu com Albert Einstein e inventou a curvatura do espaço-tempo para a gravidade. Essa explicação também vem depois.

Se olharmos agora para o nosso universo observável, com o tamanho da Espanha como a nossa galáxia, poderíamos olhar quase todo o caminho até ao Sol e a cada 10.000 km a 50.000 km há galáxias espalhadas em todas as direcções. Você percebe que quando você compara esse tamanho ele fica obscuro e confuso novamente. Há pouca transparência para manter uma visão geral aqui, porque 150 milhões de km são novamente difíceis de imaginar.
Para ter uma ideia melhor do nosso universo visível, é vantajoso reduzir novamente a escala. Reduzimos a nossa Via Láctea ao tamanho de um CD, ou seja, com aproximadamente 10-12 cm de diâmetro. A nossa galáxia vizinha, a Nebulosa de Andrómeda, afastar-se-ia então cerca de 2,5 metros do nosso CD. Existem galáxias distribuídas em todas as direções do universo em diferentes distâncias umas das outras e tamanhos desde pequenas galáxias de 3-4cm até quase 1 metro. A visibilidade instantânea devido ao desvio para o vermelho da amplitude das ondas de luz que chegam seria, portanto, datada de uma distância de aproximadamente 14 km -15 km. 1km então corresponde 1 bilhão de anos-luz. Estruturas de galáxias densas a não tão densas, juntas aglomerações, formaram-se devido à gravidade e à antigravidade (emissão de neutrinos). Algumas áreas podem não ter galáxias, mas existe a possibilidade de suspeitar que a matéria escura ou as ondas de luz que chegam desta área estão a ser obscurecidas por outras massas SL, ou seja, matéria escura, neste momento durante o período de observação, o que é provavelmente menos provável. mas não pode ser descartado. Ambos provavelmente se fundirão e o resultado será uma estrutura do universo como nos é oferecida atualmente.
Os vestígios das estruturas galácticas deixadas para trás são certamente tão antigos que nenhum número pode ser atribuído a eles. Porque um único golpe, como o Big Bang para tudo, supera a imaginação.
Basta olhar para a proporção do tamanho do universo visível.
Então como você pode acreditar em algo assim? Veja o esboço: Expansão do Espaço.

6.) Descobrir os segredos de todo o universo.

Com os segredos que emergem repentinamente à superfície como se viessem do fundo do mar, a credibilidade também aumenta e você pode entender facilmente como funciona a nossa galáxia na rede de todas as galáxias. Temos que dar mais alguns passos no espaço para chegar ao fundo deste fenômeno da função do Sol. A energia é descarregada (no sol), dissolve-se e retorna ao local de origem (na massa SL) para ser carregada novamente pela gravidade para que a descarga possa ocorrer novamente posteriormente. É assim que, e não de outra forma, a lei da conservação da energia deve ser aceita. O processo de dissolução ao longo do tempo dá origem à vida em nossa terra. Isto é colocado de forma muito simples aqui, mas é um processo altamente complicado. Este ciclo é a vida no universo ou entre todas as galáxias. Isto é explicado em detalhes nos capítulos individuais.

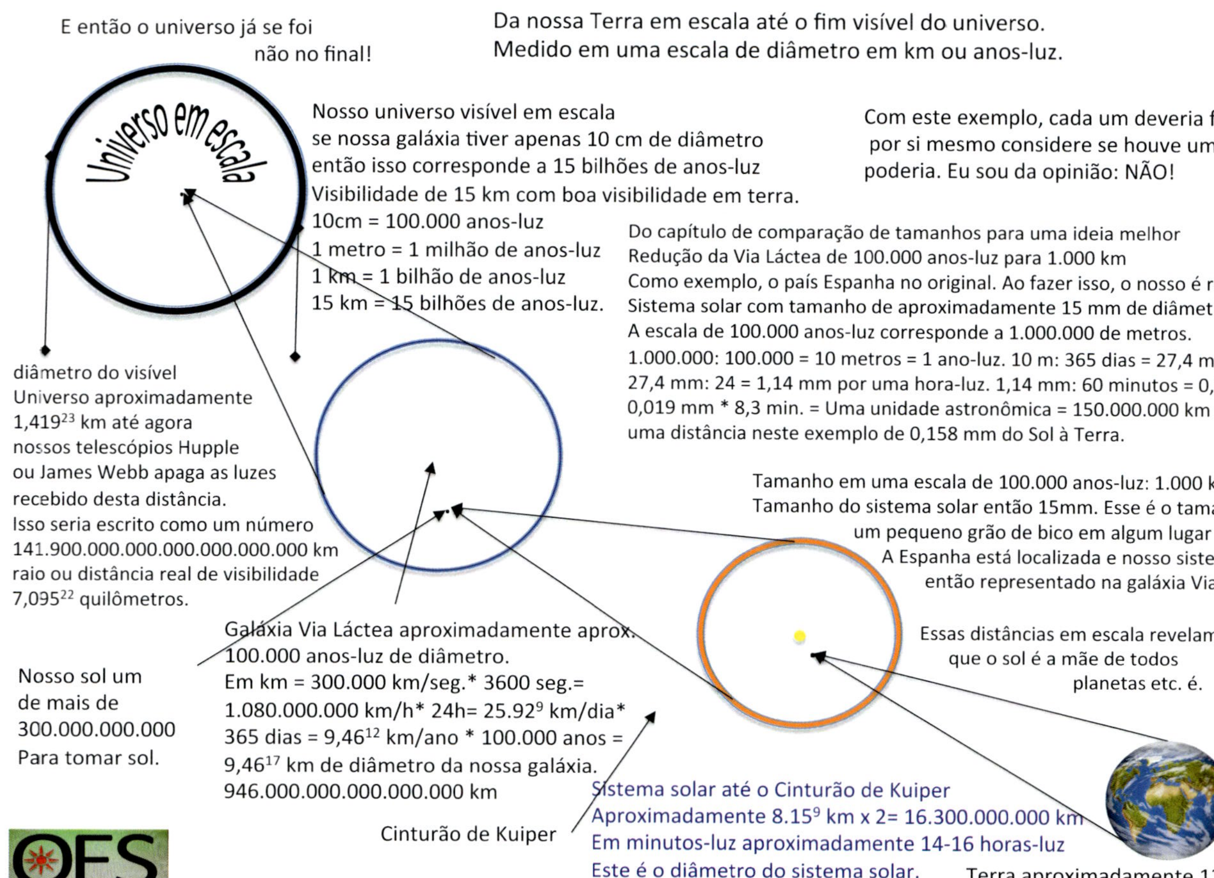

Esboço: 2 universo em escala.

6.1.) Por que o Big Bang é um diagnóstico errado para tudo no universo?

Este conhecimento científico, tão difundido em todo o mundo, foi vítima do meu raciocínio lógico, tal como aconteceu há milhares de anos, quando a nossa Terra ainda tinha a visão de mundo geocêntrica com a Terra no meio, que então existia por volta do século XV. /Século XVI. O século tornou-se mais compreensivo devido à melhor visão de mundo heliocêntrica. Até hoje, o chamado Big Bang deixou a sua marca na nossa visão do mundo. Agora isso está precisando de reforma porque não pode ser assim. Vocês, queridos leitores, poderão avaliar meus argumentos por si mesmos e então formar sua própria opinião, como sempre acontece com minhas outras revelações do universo. Para fazer isso, primeiro imaginamos o tamanho do universo visível, que você mesmo pode calcular rapidamente com apenas alguns passos simples. Supõe-se que nossa galáxia, que tem 100.000 anos-luz de tamanho, tenha uma escala de 10 cm. Atualmente podemos fazer cerca de 15 a 20 bilhões? Olhe a anos-luz do universo ou receba luz (pacotes de fótons). Esta seria então uma distância em escala real de cerca de 15 a 20 km, que teoricamente poderia ser vista de um ponto em todas as direções em uma montanha com boa visibilidade. Você acha que foi aí que o universo chegou ao fim? Tudo sugere que não seja esse o caso, porque se assim fosse, poderíamos compará-la com a visão de mundo geocêntrica, e isso está definitivamente errado! Então a teoria do Big Bang está sujeita a outra falácia. Como a ciência é da opinião de que houve um Big Bang, o universo está supostamente em expansão; isto foi provado matematicamente e houve Prémios Nobel por isso. (Então deve ser verdade, certo?) Porém, esse cálculo foi medido na ordem de parsecs. Portanto, um parsec equivale a aproximadamente 3,2 anos-luz. Agora, na escala da nossa galáxia, que tem 10 cm de diâmetro, um parsec teria aproximadamente 0,0032 mm. Imagine esse tamanho de parsec comparado a 15-20 km ou mais, porque o universo é muito maior. A justificativa foi, portanto, feita para um volume de aproximadamente 64.000^3 km para um volume de 0,33 mm^3, este dimensionado para 100.000 anos-luz para 10 cm. Na minha opinião, apenas uma energia será responsável por este cálculo da expansão do espaço, e essa energia são as interações com os neutrinos “fantasmagóricos”, que ainda são desconhecidos da nossa ciência cosmológica. Esta forma de trabalhar naturalmente superinteligente não pode ser descrita como fenomenal e fantástica em superlativos absolutos. Portanto, esses sóis que se expandem

um do outro estão sujeitos a esse fenômeno. As galáxias também reagem entre si desta forma através desta energia escura, que atualmente é desconhecida pela ciência. Esta é mais uma prova de que o Big Bang não poderia ter existido. Porque se estes neutrinos não tivessem energia escura, não existiríamos de todo e, de acordo com o princípio da cosmovisão actual, o Universo já teria há muito se agrupado numa enorme bola de matéria através da "apenas gravidade". Porque através desta antigravidade, que só existe na fase de fusão nuclear do Sol, a nova visão de mundo da função é revelada de forma clara e clara. Agora imagine todas essas variáveis, com todas as suas energias, e com certeza você compartilhará da minha opinião. Isto também leva às estruturas entre trilhões e mais galáxias. Tais estruturas não podem surgir de um big bang repentino; são vestígios de triliões ou mais de anos do passado.
Graças a Deus que declarações postuladas como as descritas aqui no livro não o levarão mais à fogueira hoje. Essas perdas friccionais têm sempre de ser causadas por pessoas que são afetadas negativamente por quaisquer mudanças no nosso mundo complexo. Neste caso, são as competências de engenharia de alto nível que são utilizadas em todo o mundo na tecnologia de fusão nuclear. Bilhões são desperdiçados aqui devido a ilusões.

6.2.) Quantas vezes já existimos?

Isso resulta em relacionamentos claros. A mentalidade do fim do universo não está à vista para nós, humanos. Quantas vezes nós, humanos, existimos com toda a natureza do universo, na verdade, só se resume à questão dos ingredientes. Com identidades apropriadas, mais de biliões de outros sistemas solares como o nosso poderiam ter-se desenvolvido. Todos podem imaginar isso depois de ler os capítulos. Mas eu estaria interessado em saber quantas vezes nós, humanos, existimos. Em qualquer caso, o cosmos funciona há mais de um bilião ou mais de anos, se é que isso pode ser expresso num número. Um big bang para tudo o que atualmente imaginamos através da ciência, onde tudo surgiu do nada, soa como pura fantasia e magia. Qualquer pessoa que acredite nisso deveria se juntar a uma de nossas diferentes religiões, então não teria que pensar nisso não mais.

6.3.) Radiação de fundo, microondas e ondas gravitacionais.

A existência de radiação de fundo ou ondas gravitacionais é garantida e não pode ser negada, mas a radiação de fundo refere-se à nossa galáxia ou às áreas circundantes e é muito pequena em comparação com o universo real que podemos ver. O universo tem provavelmente mais de < um milhão vezes maior, mas quem já sabe disso? Não é diferente com as ondas gravitacionais, elas vêm de todas as direções, interferem e a localização precisa provavelmente não é possível. Se surgir algum cálculo, então esse cálculo estará sempre muito próximo de uma alta taxa de erro. Em princípio, todo pesquisador supõe um big bang, que depois morre sem reclamar em declarações malucas. De que outra forma você reagiria se tivesse aprendido o básico errado na escola primária? Estou apenas dizendo; é provavelmente o maior desastre da história da humanidade.

6.4.) O início da Via Láctea há cerca de 13,8 bilhões de anos?

Se você novamente imaginar nossa galáxia como um CD de aproximadamente 10 cm a 12 cm de largura, então, como eu disse, nossa visão com o telescópio teria aproximadamente 14 a 15 km de largura devido ao desvio para o vermelho das ondas de luz que chegam e isso em tudo direções relevantes no universo. Com palavras visuais compreensíveis, você pode distribuir mais de trilhões de CDs (e tamanhos de até 1 metro) em todas as direções, em intervalos de 0,1 a 5 metros um do outro. Com estes diferentes estágios funcionais das galáxias individuais, torna-se claro que nem tudo poderia ter começado ao mesmo tempo com um Big Bang completo, há 13,8 mil milhões de anos. Só a matéria escura revela este segredo, porque nada mais é do que uma galáxia desintegrada que começou a sua vida há mais de 30 mil milhões de anos (ou mais, dependendo do tamanho da galáxia), e agora termina como uma massa SL invisível, para relaxar novamente com outra massa SL. Só então as massas do SL poderão se identificar umas com as outras e correr em direção umas às outras novamente. Esta é uma técnica fascinante e muito bem explicada.

6.5.) Teoria – melhor concentração a cada 50 anos?

Com a nossa tecnologia atual, os humanos atingiram um ponto que não poderia ter sido imaginado há 300 anos. Com estas teorias da criação do mundo, sabemos agora que não poderia ter havido um Big Bang para todo o universo. De acordo com as minhas instruções, muitas teorias científicas só podem ser rejeitadas. Melhor ainda, primeiro você precisa aprendê-lo completamente, ou seja, apagá-lo da mente de muitas pessoas, para poder dar mais um passo em frente. Mesmo que isso não aconteça novamente nos próximos 50 anos, o progresso nunca para. Não vale a pena lutar contra a verdade. Uma posição contra isso seria totalmente inútil! Isto aconteceu tantas vezes nas últimas centenas de anos e provavelmente continuará a acontecer agora e no futuro. As massas acham muito difícil aprender.

7.) Matéria desconhecida. (Massa SL = buraco negro)

Se olharmos para as camadas atómicas do nosso mundo atómico, sabemos que qualquer material consiste em camadas atómicas ligadas e que a natureza do material depende principalmente do núcleo atómico dos protões e neutrões, com os electrões a refinar ainda mais a mistura. A força nuclear fraca mantém as camadas atômicas unidas.

Para justificar a elevada força gravitacional de uma massa SL, pode-se afirmar que deve ter havido compressão pela massa no SL. Tal gravidade não pode desenvolver-se a partir do hidrogénio, se este for o material básico do cosmos. Por exemplo, num magnetar não há explicação suficiente para o forte fluxo da linha de campo que é responsável pela alta gravidade. Exemplos de considerações adicionais levam ao mesmo resultado.

Nas minhas explicações, duas energias de ligação são explicadas de forma plausível. Por um lado são descritas a fase de resgate e por outro lado a fase de liberação. Então, um entra no estágio de compressão e o outro sai do estágio de compressão novamente.

No estágio de compressão, que é o estado da massa SL quando a matéria atômica elementar chega lá. (Somente esta matéria atômica é conhecida por nós) ela vem dos sóis ardentes, na fase de vida do sistema solar e mais tarde através da destruição do sistema solar pelo sol. A fase de descompressão, ou seja, quando a matéria comprimida retorna à matéria atômica. Isso é exatamente o que acontece ao sol. Para que não haja confusão, a primeira energia de ligação na compressão é definitivamente referida como A1 do mundo atômico da camada atômica ao núcleo N1. A segunda energia de ligação também é referida como Q1 no estágio de compressão do núcleon N1 para o estado simétrico da matéria da família quark. Esta é também a massa SL como um todo, com uma quantidade incrível de matéria comprimida, se o termo matéria ainda se aplica. Na segunda etapa, a força nuclear forte que une o glúon foi dissolvida. A profundidade na matéria SL deve ser levada em conta, ocorrendo a fase de transição de N1 para Q1. Este ponto provavelmente ocorrerá em algum lugar a bilhões de quilômetros da superfície às profundezas. Como a proporção de elétrons deve ser avaliada permanece especulação. Na queda das 2 massas SL, este estado de compressão é revertido novamente, quebrando-se em mais de trilhões de pedaços individuais (os sóis individuais). Aqui, na fase de descompressão, descrevo a 1ª energia de ligação como Q2 das famílias de quarks ao nucleon N2 e a 2ª do nucleon N2 ao nosso mundo atômico como A2. Essa explicação do assunto desconhecido certamente não é fácil de entender no início e gostaria de utilizar recursos para isso.

Para se ter uma ideia real dessa massa do SL, o melhor é imaginar o país da Espanha na realidade. Madrid, com a sua metrópole de 25 km de diâmetro, teria 5 mm no ecrã do Google Map de um computador com 20 cm de diâmetro. Portanto, 5 mm corresponde a 25 km, onde 5 metros corresponde a 0,001 mm. Se imaginarmos agora estes 5 metros como o diâmetro de uma massa SL na metrópole de Madrid, então esta massa SL teria um diâmetro de aproximadamente 6 meses-luz na realidade, ou medido em quilómetros, aproximadamente $4{,}5^{12}$ km.

(Anunciado 4.500.000.000.000Km) Esta bola gigantesca não seria visível na tela de um bom computador de 15" de alta resolução com diâmetro de 0,001mm. Um pixel seria cem vezes maior com 0,1 mm. Agora é até tentador supor que a massa do SL poderia na verdade ser muito maior. Porque se você tiver visões de massas do SL de vez em quando, então elas são objetos de tamanho muito exagerado. Ou o que você acha disso? Por enquanto, estamos satisfeitos com esta ideia e tentando entender a pressão. Este material será capaz de gerar uma pressão incrivelmente alta a uma profundidade de um bilhão de quilômetros. Como existem galáxias muito grandes que já foram vistas com diâmetros de até 1 milhão de anos-luz, este exemplo certamente caberá em qualquer galáxia. A pressão é, portanto, devida ao próprio material, que então comprime praticamente todos os membros quânticos firmemente em camadas mais profundas devido à gravidade. A força nuclear fraca e forte é então dissolvida ou, melhor dizendo, carregada, ou seja, é gerada energia

de ligação. Assim como a chuva enche uma represa e a pressão da água aciona um gerador para produzir eletricidade. É assim que através dos quanta formam a força nuclear fraca e forte no Sol como um mundo atômico com o produto final da fusão aos nossos pés através da curva de nuclídeos como uma tabela periódica e nós mesmos consistemos nela.
Especulativamente, pode-se dizer que em algum ponto das profundezas Entre 800 milhões de km e 1 bilhão de km, os núcleons, ou seja, o mundo atômico que conhecemos, não existem mais. Provavelmente também da superfície devido à alta gravidade dos elétrons, que destroem tudo o que chamamos de mundo atômico. Pessoalmente, estimo que todas as massas dos elétrons estão na camada externa da massa SL, chamamos isso de singularidade. Imagino que seja como um triturador que neutraliza tudo o que é sugado para a singularidade. Não há fusão nuclear e também não há luz. Mas quem sabe como a superfície está estruturada? Como isso aparece externamente só pode ser imaginado, mas é definitivamente uma consideração secundária. Como mencionado, a energia de ligação (força nuclear forte e fraca) dos núcleons é dissolvida pela gravidade. A fusão nuclear ou o desenvolvimento de energia para o exterior não podem mais ocorrer devido à alta gravidade. Na área superior da massa SL, as camadas atômicas são virtualmente destruídas por seus próprios elétrons com movimentos muito curtos e, assim, os núcleons são liberados. Como resultado, o material atômico que conhecemos entra em colapso em quatrilhões: 1 (nível de compressão).Essa forte gravidade desaparecerá mais tarde quando se romper devido à queda e o processo começar ao contrário, de modo que um sol seja criado, que por sua vez cria surge um sistema solar ao longo de bilhões de anos. Este processo de feedback Q2 para N2 para A2 é então a energia primária do Sol e não apenas a fusão nuclear do hidrogénio em hélio, que como produto final nos dá o calor e as várias radiações UV. Outros processos de fusão ocorrem até a tabela periódica, mas apenas na primeira fase quente da história da formação. Na fase de descompressão, esta é a primeira etapa de ligação de energia de Q2 a N2. Fiquemos com o nível de compressão, gostaria de salientar que em tal nível de pressão é concebível adotar esta consideração dos níveis de compressão A1 a N1. (ver formação de estrelas de nêutrons) Se não existisse estrela de nêutrons, apenas uma fase de energia de ligação apareceria. Isso decorre da lógica. Porque, como acabei de dizer, falta a fase de Q2 a N2, o que significa que apenas uma estrela de nêutrons pode permanecer.
Mais adiante, no exemplo da escala de 4,5 trilhões de km para uma bola de plástico Nivea exemplar (que todos provavelmente conhecem) com um

diâmetro de aproximadamente 45 cm (4,5 trilhões de km correspondem a 45 cm aqui), a proporção de 1 bilhão de km de profundidade da massa SL torna-se , uma espessura de cobertura de bola de plástico Nivea de 0,1 mm de espessura, tão relativamente fina.
No entanto, ainda existem cerca de 2,249 biliões de raio/km a mais no centro desta massa.
Agora você pode ver que pressão é exercida pela sua própria gravidade sobre a massa comprimida aqui sob a "crosta" (talvez não seja uma crosta?) Isso seria muito grosseiro, prefiro imaginar que esta zona seja semelhante a a coroa solar, mas apenas na função oposta. Para que o núcleo quântico principal se manifeste em algum lugar, a uma certa profundidade, devido ao aumento da pressão da gravidade.
Não vejo razão para um nível adicional de energia de ligação devido ao fluxo de energia. Quando se trata da criação deste poderoso campo magnético, que se estende por mais de 500 mil anos-luz, esta responsabilidade cabe apenas aos elétrons livres, que assumem uma intensidade de campo de proporções inimagináveis. A massa SL provavelmente funcionará de maneira semelhante à explicada neste exemplo. Certamente existem outras versões que não serão muito diferentes desta. Mas não podem ser classificados de forma diferente dos fluxos de energia.
Exatamente como ocorre a transformação em estrelas de nêutrons, magnetares ou supernovas definitivamente tem algo a ver com essa energia de ligação. Como esse processo poderia funcionar com mais precisão será explicado mais adiante em neutrinos. Posso descrever esta análise de energia da seguinte maneira. Com isto em mente, gostaria de lembrar que afirmações só podem ser feitas se as energias que podemos observar através dos telescópios seguirem um ciclo energético lógico. Em galáxias que acabaram de se formar há talvez 130 anos, onde duas massas SL colidiram em um acidente. Isto produziu radiação gama e uma inundação de luz que foi mais de 5.000 vezes mais brilhante do que a que o nosso sol emite agora. (Minha opinião, estes são quasares) O alargamento (o diâmetro que aumenta devido à expansão) desta luz leva milhões de anos a uma taxa de expansão de mais de
4.000.000 km/h. Exemplo: Esta galáxia em formação tem um diâmetro de um ano-luz e a queda ocorreu nesta velocidade há cerca de 130 anos. Se este desenvolvimento fosse observado durante 10 anos, o diâmetro aumentaria de 1 ano-luz (9.500.000.000.000 km) para 9.850.000.000.000 km. Isto com uma velocidade de expansão incrivelmente alta de 4 milhões de km/h. Na prática, após 10 anos, você obteria o mesmo feixe de luz com uma intensidade de luz

ligeiramente menor. À medida que a névoa da nuvem de gás continuará lentamente a envolver o núcleo. Quando as massas do SL se chocam, as bolas fragmentadas são semeadas como sóis. Essas bolas estilhaçadas são lançadas em órbita por colisões, ricochetes e outras distrações. No entanto, a maioria destes "agora sóis" são reacreditados de forma relativamente rápida pela massa SL muito posterior. Após cerca de 6,5 milhões de anos, esta galáxia teria o diâmetro da nossa Via Láctea, mas a velocidade calculada diminuiria devido aos confrontos dos sóis e assim os 6,5 milhões de anos poderiam se expandir para mais de 10 milhões de anos. (Especulativo, dependendo do tamanho das duas massas do SL no início).

E agora, para a segunda compressão, a etapa de energia de ligação dos prótons e nêutrons às partículas elementares da família quântica. Tudo o que está agora no exemplo do tamanho da bola de plástico da Nivea é a massa de partículas elementares puras, ou seja, a família dos quarks. Aqui as 4 forças básicas combinadas estão agora simetricamente juntas para formar uma matéria. O peso para esta questão é determinado pelos bósons de Higgs, que estão localizados em cada núcleon. Se essas famílias de quarks estiverem próximas, você poderá fazer o seguinte cálculo para determinar aproximadamente o peso dessa matéria desconhecida.

Famílias de quarks com tamanho aproximado de 10^{-20} m a 10^{-21} m, conchas atômicas com tamanho aproximado de 10^{-9} m
até 10^{-10}m.

Isto significa que as famílias de quarks são aproximadamente 100 milhões de vezes menores. Portanto, eles caberiam 100 bilhões de vezes um ao lado do outro em comprimento, largura e altura em uma concha atômica.

Isso significaria, como uma bola redonda, 100 bilhões x 100 bilhões x 100 bilhões /4* 3,14 = $7{,}85^{32}$ bósons de Higgs/ 17 membros restantes =
4.6^{31} unidades de camada atômica juntas no espaço que antes ocupava apenas uma camada atômica de um X de qualquer material e agora está comprimido. Como mais de 90% são átomos de hidrogênio e hélio, um pequeno fator deve ser deduzido da quantidade. O fator dos núcleons à camada atômica ainda teria que ser levado em consideração, uma vez que todos os elementos possuem números diferentes de núcleons, o que significaria então uma média de aproximadamente 3.1^{28} famílias efetivas de quarks em uma camada atômica. Se você escrever aqui o peso desse assunto desconhecido, todos duvidarão se esse pode realmente ser o caso. A minha estimativa seria, portanto, a seguinte: como os electrões são indestrutíveis, mas têm aproximadamente o mesmo tamanho que os membros da família dos quarks, deveria haver espaço entre eles, o que permitiria que os electrões se

movessem suficientemente. Estes factores levariam então, de alguma forma, o peso talvez real desta matéria desconhecida para biliões a biliões de toneladas por cm^3. Curiosamente, neste momento o estado de conservação da agregação quase todos os membros dos quarks estão unidos num tamanho de 10^{-19m} a 10^{-21m}. Não haverá neutrinos em ação aqui porque não há decaimento radioativo, portanto nenhuma fusão nuclear é permitida devido à alta gravidade (gravidade). Comparável em nossa terra; Se a gravidade fosse 2 a 3 vezes maior, não haveria mais clima e a água não poderia mais evaporar.

Vamos supor que os sóis funcionam como o nosso na primeira etapa da energia de ligação, porque não são os prótons e nêutrons que já estão presentes no núcleo do Sol, mas sim as partículas elementares que normalmente ainda precisam se ligar nos prótons e nêutrons. (Q2 a N2) Como o elétron é tão pequeno quanto os quarks, os elétrons não conseguem se ligar firmemente e, devido ao seu movimento, geram correntes incrivelmente altas em um espaço muito pequeno para o campo magnético do Sol. Esta massa no SL é garantidamente supercondutora com perdas zero devido às correntes. Que tem a mesma capacidade da massa SL. É assim que o núcleo do Sol pode ser. Os núcleons se formam acima do núcleo do Sol e a energia de ligação liberada de aproximadamente 15 milhões de °C é criada como energia primária. No próximo estágio, núcleons e elétrons se unem na teoria do caos. Não apenas ocorrem processos que ligam átomos, mas processos radioativos também ocorrem em paralelo. O átomo mais comum e mais simples é, obviamente, o átomo de hidrogênio, que pode então ser fundido através de uma cadeia. O deutério possui um próton e um nêutron em seu núcleo, e o trítio também possui um nêutron. O controle de todos os processos vem do próprio núcleo do Sol, com sua alta gravidade através do decaimento beta, que provavelmente também regula o Sol através dos neutrinos para um fornecimento constante de energia do núcleo. Devido à funcionalidade da zona de convecção para a fotosfera, a segunda etapa de ligação de energia é realizada aqui. A energia primária produz a transição de prótons e nêutrons para camadas atômicas com seus elétrons. (N2 a A2) Em seguida, as etapas de fusão continuam e, logicamente, o átomo mais simples de hidrogênio também é o mais produzido. Na ciência, a análise do erro baseia-se na substância básica hidrogénio para os sóis, o que simplesmente não pode ser correcto. Isto é impensável para a formação de sistemas solares. Todos os elementos que conhecemos foram produzidos no Sol e estão localizados principalmente no sistema solar. Esses processos passam então pela cromosfera e passam para a coroa solar.O vento solar com vários tipos de radiação também atinge a Terra e permite o surgimento da vida. Hoje o fluxo de energia só existe de forma enfraquecida. Porque até o momento fechado, a formação do sistema solar ainda era caracterizada por um ambiente mais quente, que permitiu a formação dos planetas. No momento fechado, todo o material ejetado do Sol estava rodeado por um gás mais quente vindo do exterior. Este manto externo de plasma quente e gás pode ser interpretado como um "recipiente" no qual o sol está localizado. Portanto, o Sol estava mais frio com os seus 8-10 milhões de graus na região de radiação exterior, com esta bolha mais fria a estender-se até à Cintura de Kuiper. Isto significa que todos os planetas e luas de hoje ficaram presos nesta bolha pela gravidade e levados à distribuição controlada da matéria. Mas lembre-se, isso ainda acontecia no plasma e no estado gasoso pela lei do estado de agregação. Hoje, apenas uma fração da massa do Sol cai na Terra. Como pode tal análise de Albert Einstein basear a justificação da gravidade na curvatura do espaço-tempo, não havia planetas naquele momento, apenas plasma e gases de matéria e todos os sóis. Então, não tem outro jeito, a força gravitacional deve vir do sol. Nada mais existe.

8.) Recarga de energia com visão geral introdutória.

Breve visão geral de uma perspectiva diferente sobre o carregamento de energia na massa SL e a posterior formação do novo sol! Assim é o ciclo energético, resumido em algumas frases que podem abranger um período de 20 a 100 mil milhões de anos, sempre dependendo da massa total das duas massas SL no acidente. Com cada pequena galáxia do Big Bang há um ângulo de impacto diferente, que não só provavelmente, mas também certamente tem um impacto na estrutura dos braços espirais devido aos processos da teoria do caos.

Antes de entrar neste assunto, gostaria de afirmar que ninguém jamais o examinou ou viu. Portanto, é algo que só pode ser analisado à distância por meio de energias (massas, sóis, etc.), a partir das quais os traços podem ser lidos. Além disso, essa matéria desconhecida seria tão pesada que não poderia ser armazenada aqui na Terra e muito menos examinada em laboratórios. Ele afundaria no solo do nosso planeta como um tijolo afunda na água ou até mais rápido, o que ainda me parece um eufemismo. Provavelmente mais como uma barra de ouro no ar com propulsão a jato.

Portanto, é necessário um fluxo de energia compreensível para que fique claro qual é a responsabilidade do buraco negro; ainda não posso determinar isso a partir da pesquisa científica publicada até agora. É simulado via singularidade, horizonte de eventos, raio de Schwarzschild ou curvatura espaço-temporal. A imaginação científica não conhece limites quando se trata deste tema. Bem, é melhor esquecer essas estranhas combinações de palavras e concentrar-se no essencial. A questão é: para que é necessária a massa SL? O que a natureza está fazendo aqui em incontáveis massas SL certamente tem um propósito, caso contrário nem toda galáxia teria uma dessas no meio. Logicamente, não há liberação de luz ou energia de qualquer forma na massa SL, exatamente o oposto é o caso, ou seja, absorção de energia (acreditação) por forças gravitacionais extremas dentro da massa SL. Esta é uma afirmação importante, porque a luz não pode existir na massa SL; isto seria completamente absurdo por natureza, porque a luz sempre significa a liberação de energia. (Fusão nuclear) Ou há ingestão de energia ou liberação de energia, ambas não existem ao mesmo tempo e seria um paradoxo. No tempo astronômico, uma atração cada vez maior devido à absorção de massa pela massa SL acabará por absorver toda a sua galáxia, esta é a tarefa natural de uma massa SL e ao mesmo tempo o fluxo recorrente de energia. Como num circuito de aquecimento de água, a bomba de circulação com a fonte de calor. Agora, quando há apenas uma massa SL invisível circulando - isso já foi observado com muita frequência - ela também pode ser chamada de matéria escura. Em alguns casos ainda existem alguns sóis restantes enrolando-se em torno da massa SL, como já foi observado tantas vezes. O facto de tais observações ocorrerem repetidamente com triliões de galáxias em diferentes estágios agregados é um dado adquirido e compreensível. Este fenômeno da matéria escura também é explicado em detalhes novamente. A partir daí é apenas uma questão de tempo até que esta massa SL se identifique com outra massa SL e se envolva em um encontro, ou quando encontre uma galáxia que ainda não foi completamente conquistada e não gere mais antigravidade suficiente através de neutrinos e então se desenrola novamente, há muitas evidências dos nossos telescópios espaciais que apoiam as minhas interpretações aqui.

Todos os sóis emitem luz e matéria como energia em várias formas. Esta energia pode dar origem à vida e migrar ou fluir através, chover, inundar e poluir planetas, pelo que, após vários milhares de milhões de anos, os sóis perdem lentamente o seu poder de combustão e são cada vez mais atraídos pela massa SL. Este é o ciclo de vida de uma galáxia, onde a vida surge "no meio". Vivemos nesta época com todas as pesquisas do passado e do presente. Dependendo do tamanho, existem diferentes ciclos de tempo até que não haja mais nada para credenciar em torno da massa SL. Mesmo assim, chamamos-lhe matéria escura, embora faça jus ao seu nome. De acordo com o ciclo circulatório, a matéria escura provavelmente representa cerca de 40-50% ou mais do total de galáxias, incluindo a massa do SL. É apenas uma questão de tempo até que duas massas SL se encontrem novamente e um novo pequeno big bang ocorra para que a magia da vida da galáxia possa começar novamente. Quando estas massas SL se encontram, a energia anteriormente comprimida das 4 forças básicas é descarregada novamente através dos sóis. Agora o ciclo está novamente fechado e os sóis libertam luz e matéria como energia para permitir que os planetas floresçam com vida e para que as pessoas possam perguntar-se novamente como tudo surgiu.

9.) Diferença entre buracos negros que não existem e sistemas solares.

Precisamos categorizar os fluxos de energia no universo como nos são mostrados, e não como queremos vê-los. Se o campo rotativo de uma galáxia for avaliado e visualizado incorretamente usando as leis de Newton, não devemos nos surpreender com o surgimento da fantasia da energia escura. Este é apenas um pequeno exemplo para apresentar como funciona a massa SL. O processo galáctico de cada galáxia não pode ser comparado a um processo do sistema solar, conforme assumido pelas leis de Newton. O erro aqui está na formação de uma galáxia, sem falar nas leis da conservação física da energia.
Portanto, no estado de vida atual, quase todos os sóis orbitam a massa SL aproximadamente à mesma velocidade, em contraste com os sistemas solares que emergiram do Sol, e todos muito rápidos para as leis de Newton. Aqui, devido à gravidade, diferentes velocidades foram definidas dependendo da distância entre o plasma e o estado do gás. Com as galáxias é completamente diferente simplesmente por causa da antigravidade, que não existe nos planetas; aqui a distância permanente ao Sol é mantida através da velocidade. No caso das galáxias, a antigravidade é fornecida pelos neutrinos e mantém as galáxias afastadas do centro. Esta tecnologia é planejada com precisão para que a vida possa se desenvolver nos sóis exteriores. Porém, com as vítimas do Suns muito próximas do SL. Eles não estão predestinados desde o início para o propósito de um sistema solar como o nosso e são os sacrifícios pelas nossas vidas. Devido a este sistema de altas velocidades no núcleo galáctico interno, leva muito tempo até que uma longa fase de vida das galáxias externas possa ocorrer. Isto é controlado com muita precisão e prova seu valor continuamente. Eu simplesmente acho fantástico como a natureza criou isso.

O Universo de Perspectiva da Fórmula
revela a visão de mundo para o universo visível.

Pensei durante muito tempo como algo assim era possível e fiquei pensando nas leis da conservação. Simplesmente inacreditável, até fascinante. Não pode ser de outra forma, caso contrário os pesquisadores não estariam coçando a cabeça sobre a energia escura. Tudo o que circula hoje na cosmologia não cabe atrás nem na frente, há as considerações mais imaginativas e não resistem à menor crítica.

9.1.) Épocas de desenvolvimento.

Gostaria de fazer a seguinte declaração especificamente para o desenvolvimento da compreensão humana. Quando olhamos para trás no tempo e depois avançamos na compreensão das épocas, descobrimos que nos aproximamos cada vez mais dos segredos do universo que estavam anteriormente ocultos, mas que existiam antes mesmo de nós, humanos, vivermos. Hoje, com esta documentação da fórmula do mundo galáctico que escrevi, sabemos como funciona o cosmos que nos rodeia a distâncias de aproximadamente 14-15 mil milhões de anos-luz ou mais. No entanto, ainda não foi descoberto onde e como a massa total foi criada. Estou convencido de que este ponto da evolução será desenvolvido pela humanidade em algum momento no futuro. Numa época em que a visão de mundo não é clara, nenhuma hipótese como a do Big Bang como a origem de todo o universo deveria ser publicada, porque isso bloqueia o curso real para que ajude a chegar à origem correta do mundo. Também bloqueia muitos cérebros e os alimenta com fatos supostamente "corretos" que são falsos. Talvez por enquanto nesta época nos contentemos com uma versão que é fisicamente compreensível e não permite quaisquer considerações fantásticas, através da qual a cosmologia possa finalmente sair do impasse para que as hipóteses irrefutáveis sejam reduzidas para que não se contradiga o outro. Com esta documentação gostaria de colocar acentos para avançar progressivamente o que tenho em mente. A astrofísica precisa ser completamente repensada.
Com as massas SL você só pode prosseguir logicamente com o fluxo de energia e perguntar à natureza o que ela realmente deseja alcançar com ela. Se você pensar em algo fantástico sem perguntar às energias, a porta se abre para acabar em uma aberração. Um bom exemplo revela uma teoria mal concebida. Todo mundo sabe o que queremos dizer com massa SL, ela tem uma gravidade tão alta que nem luz sai. Bem, tem alta gravidade, isso é certo! Mas não existe luz na superfície desta bola monstruosa ou massa SL, porque a gravidade é tão forte que a fusão nuclear não pode ocorrer, pelo que

nenhuma luz pode ser emitida. Porque como já dito a massa SL absorve massa, não libera massa! Além disso, a luz não tem massa, mas sim pacotes de fótons (quanta) que não podem ser influenciados pela gravidade. Isto tem que ser aceito abertamente. Logicamente, um SL não pode credenciar massa e fazer fusão nuclear (vento solar, emitindo luz) ao mesmo tempo.
Isso seria mais uma vez um sistema paradoxal e não funcional. Várias leis da física seriam violadas aqui se assim fosse. Este é o primeiro erro grave de raciocínio, pelo qual expressões como raio de Schwarzschild, horizonte de eventos e singularidade são simplesmente esquecidas, porque é muito simples e simples como funciona uma massa SL.
Além disso, não é um buraco como originalmente assumido, mas uma massa comprimida, em que as camadas atômicas de todos os elementos conhecidos por nós foram dissolvidas e pelo menos todos os núcleons estão próximos uns dos outros, em camadas mais profundas provavelmente vai um passo além, então que a família dos quarks também foi liberada da energia de ligação da camada do núcleon. Com esta consideração, ainda há um aumento na energia de ligação e todos os elétrons livres teriam rédea solta para gerar altas ressonâncias com fluxos de corrente gigantescos, o que leva a concentrações de linha de campo que serão em torno de 10^{20} Tesla e mais. Este campo magnético cria os braços espirais da nebulosa com a antigravidade dos neutrinos e organiza toda a evolução da galáxia desde o início. A responsável por isso é a força eletromagnética, que atinge um nível que nós, como humanos, não podemos imaginar plenamente.
Na teoria da compressão das camadas atômicas e da dissolução dos núcleons, conforme descrito anteriormente, todas as quatro forças básicas são combinadas. Pela forma como essa massa funciona, nós, humanos, nunca conseguiremos nos aproximar desse material e muito menos examiná-lo em laboratório. É tão pesado que não pode existir no nosso mundo atômico, e não é de forma alguma compatível com o nosso mundo atômico clássico.

10.) Introdução à matéria escura.

A análise de erros também calcula mal os cálculos de ambos os tipos de energia, matéria escura e energia escura. Se for assumido que tudo é baseado na matéria atômica, ou seja, os sóis são feitos principalmente de hidrogênio e as massas SL de uma galáxia são buracos, então poderia muito bem ser calculado. Não quero comentar aqui porque é um absurdo completo. Meu cálculo é este: a massa total de todo o universo visível é 100% com tudo. A matéria visível são os sóis com todos os planetas e todas as substâncias moleculares, independentemente do seu tipo e forma. Isso pode variar e levar a diferentes condições no universo. Como há mais massa visível do que invisível, devido ao tempo de existência dos dois, gostaria de estimar que seja 60-70% visível, deixando o resto para a matéria escura. As energias da energia escura, que foram calculadas pela ciência, baseiam-se primeiro numa análise de erros e depois seria necessário calcular ou deduzir essa energia (são os neutrinos) da matéria visível. Uma vez que existem dois tipos de energia na matéria visível, independentes da massa (também independente do fornecimento dos planetas pelos sóis), da gravidade e da antigravidade, estes são os dois que levam a uma cosmologia enganosa. As leis de Newton não contam na galáxia porque a gravidade é dirigida pela mecânica quântica nas massas SL. As leis da gravidade são diferentes aqui do que no sistema solar. Isso ocorre porque a massa do SL e os próprios sóis geram altas forças gravitacionais. Comparação de dois eletroímãs alimentados por eletricidade. (Galáxia) O sistema solar tem apenas um campo magnético forte do sol, que cria gravidade através da criação de correntes parasitas em nosso planeta e é logicamente muito mais fraco. Portanto, no sistema solar, a gravidade vem do sol e forma a gravidade nos planetas. Portanto, uma distinção deve ser feita aqui. A lei E=mc2 também não pode ser aplicada no universo, apenas no mundo atômico. Isto leva então à suposição de por que os sóis não voam para fora da galáxia em velocidades tão altas. Porque surgem forças atrativas superiores. Além disso, existe a matéria escura, que libera apenas antigravidade para detecção e não libera nenhuma outra energia. Não há mais matéria e energia no universo. Se houvesse mais, qual seria o sentido? O universo funciona com essas energias, todo o resto é invenção e baseado na imaginação.

10.1.) Análise de erros de Sonnen.

O magnetismo da eletrogravidade faz com que uma galáxia se forme a partir do estágio de formação (redonda e gasosa, a galáxia elíptica ou galáxia em roda de carroça está prestes a formar seus braços espirais) em uma galáxia espiral.
A deformação das galáxias em braços espirais também reduz possíveis colisões. Ciclo de renovação! (Formação de sistemas solares na galáxia)
O sol Aldebaran tem um diâmetro superior a 40 vezes o do nosso sol e irradia seus processos de fusão nuclear com mais de 100 vezes mais potência. As

intensidades da fusão nuclear dependem, portanto, unicamente do tamanho do sol. Nada sobre a formação de poeira estelar e nuvens de gás; tal sol não pode ser criado pela gravidade. Não existem leis físicas que permitam isso. Um sol como Aldebaran libertaria triliões de toneladas de matéria muito antes disso e depois cresceria duas vezes mais. Como isso funcionaria? Existem estrelas ainda maiores e mais brilhantes e, uma vez iniciada a fusão nuclear, a massa já não pode ser acreditada e, só por esta razão, tal teoria da formação do Sol está descartada desde o início. É também por isso que tudo aponta para a formação do Sol através da colisão com 2 massas de matéria escura, a matéria comprimida é então distribuída e o sistema solar é forçado à formação física pelo Sol no mesmo momento.
Explico as energias de ligação na fase de compressão na massa SL como: A1 a N1 / N1 a Q1 e depois na fase de descompressão no sol de: Q2 a N2 / N2 a A2. Os esboços também estão anexados.

10.2.) Supernova.

Uma galáxia sempre tem uma massa SL no centro, que já passou há muito tempo pela transição para a compressão. Portanto, está comprimido para os membros da família de Quark. Não existem elementos atômicos como os conhecemos através das camadas atômicas aqui na Terra.
Uma supernova será o início de uma massa SL, pode ser causada pela colisão de 2 grandes sóis. Em ambos os sóis, a etapa de energia de ligação de Q2 para N2 e de N2 para A2 é liberada devido à gravidade relativamente menor. No entanto, quando ocorre uma supernova, ambas as grandes massas do Sol se combinam e, assim, impedem a passagem da energia de ligação de N2 para A2 devido ao aumento da gravidade. Agora que a formação de uma massa SL é especificada, a primeira etapa de energia de ligação Q2 a N2 também é afetada, (de acordo com a gravidade total) uma massa SL é criada. As massas atômicas de ambos os sóis são reacreditadas. Aquilo que se formou em torno do núcleo do Sol. O jato desta supernova provavelmente se originou em alguma fase de energia de ligação e não leva à paralisação completa da energia liberada. Porque o processo de transformação causado pela colisão de dois grandes sóis não é suficiente para suprimir a energia de ligação da parte Q2 ao N2. O flash inicial da supernova é então envolvido de forma relativamente rápida pela nebulosa gasosa e, através do obscurecimento, reduz a intensidade da luz ao longo do tempo, mas não a elevada radiação gama. Com estes fenómenos também se deve ter em conta que em algum

ponto da zona fronteiriça entre o bem e o mal, aqui nas massas, ocorrerão tais estranhas explosões; isto não pode ser descartado com tantas possibilidades. Isto também poderia ser descrito como uma área cinzenta entre a massa SL e os sóis. Porque a interface também deve estar em algum lugar aqui.
A massa SL de uma galáxia com diâmetro superior a 5.000 anos-luz é mais de um milhão de vezes mais pesada que o início de uma supernova com seu material. Portanto, em algum ponto e com um determinado tamanho de massa, começa a formação de uma massa SL. De acordo com os traços energéticos, uma supernova provavelmente nada mais é do que a colisão de dois sóis maiores ou de outros objetos, como estrelas de nêutrons, magnetares e tudo o mais que estiver em questão. O que posso muito bem imaginar como uma explicação. Todos os processos semelhantes, como magnetares, estrelas de nêutrons, pulsares, quasares, etc., que nós, humanos, fantasiamos como nomes, deveriam ser classificados como fenômenos secundários que não podem ser evitados pelas teorias de probabilidade deste complexo desenvolvimento em uma galáxia. Além disso, vemos esses fenômenos espetaculares e lhes demos nomes diferentes, com razão ou não? Eles desempenham um papel menor na formação dos sistemas solares se este for o objetivo principal de uma galáxia. Chamando-as de tentativas falhas onde certos parâmetros não foram atendidos. A mesma estrutura fisiológica também pode ser vista na natureza da nossa terra, um desperdício, excessivamente exagerada, esta natureza se mostra no mundo vegetal e em todos os seres vivos, por que não também no universo?
Para mim, esses canais de consideração sugerem que tentar é melhor do que estudar, ou você também pode dizer: “Eles são feitos do mesmo tecido”. Probabilidade é tudo! Em qualquer caso, a porta à especulação está aberta; detalhes mais precisos podem resultar em suposições diferentes.

10.3.) Exoplanetas.

Depois de ler o livro inteiro, você será capaz de avaliar melhor as considerações sobre um exoplaneta que possa sustentar vida como a nossa Terra. Todo mundo certamente tem pontos de vista diferentes, assim como nós, humanos, temos com tudo. Mas, como já repeti tantas vezes, é garantida a existência da mesma mecânica quântica no universo, graças às suas leis rígidas. Porque a família quântica molda todo o universo. Ao repetir quero dizer todo o contexto do livro, porque muitas coisas não podem ser interpretadas de forma diferente nas explicações.
Portanto, estas são as condições estruturais que contêm tudo o que a nossa ciência definitivamente descobriu através de experiências. Mas como você já percebeu, a análise de erros e as contradições estão incluídas na ordem cosmológica. Além disso, agora existem pesquisas por exoplanetas. Minha opinião é esta: uma Terra como a nossa só pode ganhar vida através do surgimento da vida nas seguintes condições. 1. O tamanho, se for muito grande, não tem atmosfera, então não tem água etc. Se for muito pequeno acontece a mesma coisa. 2. Se estiver muito perto do sol, estará muito quente; se estiver muito longe, estará muito frio. Há milhões de anos, o nosso planeta era mais quente porque havia demasiado CO_2 no ar, que agora está a ser novamente libertado pelos combustíveis fósseis. As plantas e o mar resolveram isso durante milhões de anos e conseguiram decompô-lo. 3. Depois, há o eixo e a rotação da Terra, para que as proteínas e todo o material biológico possam se desenvolver através do clima e da temperatura. 4. A lua também é importante, caso contrário não haverá vazante e vazante. Se estes requisitos básicos forem cumpridos, o sol pode felicitar-se. 5. O sol, com o seu tamanho, é provavelmente o pólo decisivo. Depois de mudar um parâmetro, não existe Terra como a nossa. Portanto, agora a comparação de tamanho se aplica de forma realista a um exoplaneta. O sol tem aproximadamente 1,4 milhão de km de diâmetro e a Terra tem aproximadamente 12.700 km de diâmetro. É, portanto, 109 vezes menor em diâmetro. Se agora você tem o sol na tela do seu computador com um diâmetro de 20 cm, então a Terra tem 1,8 mm de tamanho. Quando vejo fotos de exoplanetas, vejo que elas têm 10, 12 ou 15 vezes o tamanho da Terra. Por exemplo, nosso Júpiter é apenas 10 vezes menor que o Sol. Portanto, estes não são os planetas potenciais que estão sendo procurados. Portanto, quase

não há sinais de sucesso aqui. Mas a ilusão da nossa humanidade é inovadora. Talvez por acaso, como Colombo, existam outras descobertas das quais não temos a menor ideia no momento. Desejo a todos os pesquisadores muita diversão e sucesso.

11.) Como está estruturada a massa do SL? (Buraco negro = massa SL)

Durante a formação deste material desconhecido na massa SL, deve ser aplicada pelo menos a mesma energia, que é então liberada novamente no sentido inverso. No nosso Sol, isso levaria mais de 20 mil milhões de anos, com uma produção de energia de $1,8^{29}$ petawatt/h durante este período. A energia dos neutrinos não está incluída aqui, mas somaria <1.000 vezes, o que poderia levar à identificação da energia escura. Além disso, existe a energia primária liberada no sol, que permite a liberação dessas duas energias. Este processo de conversão de energia pode ser explicado pela compressão, que leva à destruição da casca atômica pela gravidade, ou seja, a gravidade da pressão do próprio material, que foi exercida sobre o próprio material. Sabemos que uma quantidade incrível de energia é liberada através da divisão dos núcleos atômicos, mas muito mais foi usada para criar os núcleos atômicos. Após a divisão de um átomo, os núcleos atômicos ainda existem, portanto, apenas uma parte da energia foi liberada durante a divisão. Assim, o processo de compressão para a neutralidade total de núcleons e elétrons requer relativamente mais energia do que é liberada posteriormente. Lei da conservação de energia! Esta é a energia necessária para colocar os núcleos atômicos na posição correta. Comprimindo a massa total na família quântica, onde todas as partículas elementares ficam próximas umas das outras e encontram a energia de ligação para o estágio final do processo.
Com as magnitudes do quark up e do quark down na faixa do atômetro 10^{-18m} ou na faixa do ceptômetro, os neutrinos 10^{-24m}, os núcleons são enormes em 10^{-15m} na faixa do femtômetro. Portanto, existe uma quantidade incrível de espaço na camada atômica de um átomo de hidrogênio ou de qualquer outro elemento com potencial de compressão. Entre 10^{-9m} e 10^{-10m}, a camada atômica é enorme em comparação com quarks e bósons, léptons, bósons de Higgs ou elétrons.
Para entender melhor, imagine por exemplo! Na camada externa da massa SL (com cerca de uma hora-luz de espessura como uma crosta, os núcleons estão

todos compactados, os elétrons estão todos livres para continuar gerando eletromagnetismo, porque os elétrons estão sempre ativos). Massa da casca composta por núcleons e elétrons. Mais profundamente abaixo desta camada, a uma profundidade de cerca de 1 bilhão de km, a pressão sobre os núcleons começa a agir tão fortemente que os prótons e nêutrons se dissolvem, assim como as conchas atômicas fizeram antes. Neste estado, os membros da família Quark são livres e formam uma energia neutra e equilibrada que fica presa sob a gravidade e não pode tornar-se ativa como uma força nuclear fraca e forte. Esta distribuição de camadas pode ser comparada aproximadamente com a distribuição de camadas ao redor do sol. Devido a esta mudança, os elétrons sempre se comportam de forma adaptável a cada estado da matéria. Seja no mundo da camada atômica, após a dissolução do mundo da camada atômica ou no estado do mundo da família dos quarks, os elétrons sempre têm a tarefa de manter a gravidade, simplesmente através do seu movimento. Os elétrons nunca descansam! No mesmo espaço existem trilhões de elétrons, que levam a linhas de campo tão fortes. Esta é uma prova indispensável da preservação da gravidade pelos elétrons. Como os elétrons têm aproximadamente o mesmo tamanho da família dos quarks, eles trabalham em perfeita harmonia para atingir a alta intensidade do campo magnético que toda galáxia precisa para funcionar. Estamos agora no mundo quântico e podemos fazer uma declaração importante sobre a preservação perpétua dos elétrons. Os elétrons não podem ser divididos, destruídos ou transformados de forma alguma, eles sempre permanecem elétrons, não importa quão alta ou baixa seja a temperatura ou pressão. É uma conclusão lógica de tudo isso que os elétrons constituem a gravidade e devem ser responsabilizados por ela. Porque aqui na massa SL não existem mais fusões nucleares, nem a força nuclear fraca com produção de neutrinos e radioatividade nem a força nuclear forte com prótons e nêutrons são utilizadas, então ambas não existem mais. Na linguagem comum, você poderia dizer; eles estão em espera. Pode ser comparado à água represada de uma represa. No topo da barragem estão as famílias de quarks comprimidos e no fundo, a água que flui depois que o gerador gira é o nosso mundo atômico. No meio, ou seja, no tubo descendente, está a interface no sol, entre a QFT (teoria quântica de campos) e a ART (teoria geral da relatividade). É aqui que ocorre a liberação de energia, que ainda não podemos ver da Terra, o que resulta no erro de análise de que o Sol é feito de hidrogênio. O que agora só pode ser entendido como energia no nosso sentido é a gravidade causada pelos elétrons, que pode acumular até 1.0^{20} Tesla ou mais durante essa compressão, o que pode levar a enormes galáxias com um diâmetro de 1.000.000 de anos-luz.

O passo energético final para a massa absoluta do quark com a expressão da singularidade é alcançado aqui. Surgiu uma matéria supercondutora com um aumento de peso de um trilhão de vezes. Esta é a única maneira de imaginar a massa do SL. É por isso que o Sol tem tanta energia que dura bilhões de anos.
Uma pequena evidência de consideração pela formação recorrente de galáxias por gravidade com resultado de colisão diz; que não poderia ter havido um Big Bang no universo como um todo, hoje novas galáxias estão se formando todos os dias em diferentes lugares do cosmos. Isso vai contra a teoria do Big Bang em geral. A versão do Big Bang para todo o universo acabaria por parar completamente, e isso é ainda mais improvável porque não há nenhum sinal disso. Porque sem um ciclo de energia, o universo logicamente pararia. Pode-se dizer que os elétrons criam a gravidade e são, portanto, um motor de energia autorregenerativo que nunca pode parar devido à gravidade. Esta não é uma máquina de movimento perpétuo, mas o universo como um espaço fechado afirma na lei da conservação da energia que a energia não pode ser perdida ou aumentada, de modo que a energia no universo permanece sempre a mesma.
A expansão do espaço é igualmente fácil de questionar, só faz sentido reivindicá-la porque você gostaria que fosse assim. Aqui assumimos um ponto de origem, ou melhor, todo o gás? O que de repente surgiu do nada? É claro que estamos mais uma vez no meio de tudo isto, tal como há centenas de anos, quando o Sol ainda girava em torno da Terra.
A análise de erros do Sol que afirmo resulta principalmente de cálculos matemáticos de energia que não podem ser calculados na massa central do Sol. Minhas dúvidas estão relacionadas à ejeção de massa do Sol calculando a constante solar. Conseqüentemente, o Sol deveria ter uma perda de massa de acordo com a fórmula $E=mc^2$ de aproximadamente 4 milhões de toneladas/seg. O banal é que a famosa fórmula não pode ser usada ao sol. Em relação à área total da superfície, isso seria cerca de 0,65 gramas de massa em aproximadamente 1 km^2. (3,14*d2) Isso simplesmente não pode ser verdade! Não tenho inclinação para credibilidade, só pelas considerações deve haver uma falta de energia que não foi levada em consideração. É por isso que, mais uma vez, o Sol não é feito de hidrogénio.
Da mesma forma, um cálculo da massa total do planeta solar de aproximadamente 4^{27} kg, incluindo o cinturão de asteróides e o cinturão de Kuiper, com base em 4 milhões de toneladas/seg. no impossível. No entanto, a cerca de 4 milhões de toneladas/s ao longo de 10 mil milhões de anos, seria cerca de $1,26^{27}$ kg. Isso se aproxima do resultado desejado. Agora só falta a

massa da nuvem de Oort. Devido ao longo processo de formação, estimo que a massa da nuvem de Oort seja pelo menos 10 vezes a massa planetária total, ou seja, aproximadamente 4^{28} kg. Porque foi a área mais rica ao redor do sistema solar durante o maior período de tempo durante o qual se formou condensação. De acordo com a minha versão da formação do sistema solar, grande parte disso poderia ser atribuída à matéria invasora, o que levou à desaceleração da velocidade inicial. Isso também faz parte da Constante da Galáxia. Como devemos e podemos chegar a um cálculo plausível quando a densidade do Sol é oficialmente dada como 1,4g/cm^3? Na realidade, o núcleo do Sol tem provavelmente uma densidade de 9^{16} kg/cm^3, ou mais. Porque não é feito de hidrogênio. Assim, todos os cálculos baseados na presença de hidrogênio no universo estão errados.
Sem esquecer a energia dos neutrinos, que tem mais de 1.000 vezes a energia solar, o que resultaria numa emissão de massa total de aproximadamente 40 biliões de toneladas/seg. descobrir o que é mais realista assumir. Isso é cerca de 5 toneladas por 1 km^2 (não 0,65 gramas) ou cerca de 5 kg por 1.000 m^2, então 1 m^2 = 5 gramas/seg. Isto pode ser reconhecido de uma forma credivelmente compreensível.

O Big Bang em miniatura só pode ser compreendido na medida em que ocorreu para a reforma de uma galáxia. (Ver esboço: Escala do Universo.) Estes processos podem ser observados continuamente, tal como a dissolução total das galáxias. No entanto, como estes processos duram milhões de anos, só se vêem as actuais fases de desenvolvimento, com um atraso dependendo da distância. Mesmo aglomerados inteiros de galáxias indicam que anteriormente eram duas galáxias gigantes.
Ou deveríamos pensar que é uma coincidência criar um mundo atômico a partir do Sol e depois com este sistema solar dar vida à Terra com a nossa natureza na qual podemos viver. Não! De acordo com os fluxos de energia, não é uma coincidência, mas um resultado final físico que de alguma forma, através do princípio da probabilidade, sempre leva a um sistema solar com o tamanho solar correspondente.
Brevemente resumido
Quando você se pergunta sobre uma massa SL, você rapidamente se vê preso pela sua imaginação. Buscar um pensamento claro aqui só é possível se estivermos conscientes, a cada momento, da consideração de nunca nos permitirmos ser desviados da lei suprema do fluxo de energia no universo. Independentemente do que os pesquisadores inventem, buracos de minhoca e coisas do gênero não são mais uma fantasia.

O Universo de Perspectiva da Fórmula
revela a visão de mundo para o universo visível.

Foi descrito em vários capítulos e aqui está uma versão resumida.
Um SL não é um buraco, embora pareça, ou melhor, porque queremos ver assim. É uma matéria comprimida, que anteriormente consistia em nosso mundo de átomos. Então, o mesmo material, só que com uma estrutura diferente. Chega de bombas nucleares, chega de energia nuclear fraca e forte. Também não há nêutrons e prótons, apenas a família dos quarks, incluindo os elétrons. Densamente compactados para que todos os elétrons possam contribuir com seu trabalho para a gravidade. Se esta matéria é líquida ou sólida ou assumiu algum outro estado, permanece especulação. O que quero dizer é que é um tipo que tem capacidade estrutural para resistir a uma colisão de um milhão de km/h. formar-se de tal forma que trilhões de bolas, pedaços, o que quer que seja, se transformem em sóis e então liberem energia por bilhões de anos.

12.) Regeneração na massa do buraco negro.

Na minha teoria, a gravidade leva a uma gravidade enorme, resultando na regeneração de energia na galáxia. Aqui, todas as 4 forças básicas (como eu disse; na minha opinião existem apenas 3) do nosso mundo atômico são combinadas pela gravidade na massa SL. A gravidade na massa do SL atrai para si tudo o que gira em torno dela. Apenas uma questão de tempo. Esta absorção permanente de matéria em diferentes estados físicos não só aumenta o aumento da gravidade, mas ao mesmo tempo também aumenta o eletromagnetismo da massa SL. (isso significa: 3 poderes básicos!) Esses dois poderes básicos pertencem um ao outro e são inseparáveis, ou melhor ainda, indestrutíveis. O que é registrado na massa SL é principalmente da gravidade da massa, estrelas em vários estágios de desenvolvimento, massas SL menores também podem ser incluídas. Então tudo, até o último cálculo, até o menor átomo de hidrogênio. No ponto de acreção total não resta mais nada, um vácuo total é criado em torno da massa SL. A massa SL fica então completamente invisível, o seu objectivo não é libertar energia de forma alguma. A superfície deve ser muito lisa devido à sua gravidade, algo que nunca conseguiremos aqui na Terra. Não pode ser coordenado. Somente para despertar uma nova galáxia é que a atração das linhas de campo através da gravidade sobre outras massas SL permanece intacta. Este é o significado da formação, vida e morte das galáxias.

Quando esse processo é compreendido em detalhes, sabemos exatamente como nossa vida galáctica foi formada e como funciona o universo. A estrutura do sistema solar é fundamentalmente diferente da estrutura das galáxias. As leis de Newton se aplicam a toda a galáxia porque são a base dos elétrons. No entanto, a teoria geral da relatividade só se aplica ao sistema solar atômico, excluindo o núcleo solar. A fórmula E=mc2 não é compatível com a massa SL. Porque as energias na interface entre os quanta e o mundo atômico estão em uma relação diferente.

13.) Explicação introdutória da fórmula mundial.

Cada galáxia é autossuficiente e funciona apenas com diferentes tamanhos de massa e estágios de desenvolvimento temporal em comparação com as outras galáxias, causados apenas pelo tamanho da massa. Porque nem quero saber quantas vezes esse processo de dissolução e reforma já ocorreu. Cada número que pode ser nomeado agora tem um começo, mas não tem fim, e o que realmente foi o início da matéria é algo que provavelmente não descobriremos neste século, muito menos descobriremos no futuro. A Natureza do Universo também terá planejado isso com precisão.
Antes de continuar com a afirmação introdutória, muita imaginação, modelos hipotéticos e bobagens humanas devem ser esquecidos, caso contrário não se chegará à verdadeira origem. Por que eu digo isso? Bem, um exemplo rápido com nosso querido sol. Todo mundo sabe que o Sol consiste principalmente de hidrogênio e uma pequena quantidade de hélio. Claro, se algo assim for ensinado na escola, as pessoas continuarão a acreditar mais tarde e permanecerá como uma marca de nascença por toda a vida. Todo mundo cresce com isso, chega uma hora que não pode ser de outra forma, você aceita sem pensar. Mas será que isso é realmente verdade? Pode ser diferente? Isto é exactamente o que a fórmula mundial revela e você decide por si mesmo ajudar a combater as alterações climáticas, que dizem respeito a todos nós. É aqui que reside a chave para que os acentos possam ser definidos para avançar com mais eficiência e rapidez.

13.1.) Fórmula mundial da interface.

Quando você pensa na fórmula mundial você provavelmente imagina algo incrivelmente complicado, mas é muito simples, não significa nada mais do que combinar todas as 4 (3) forças básicas em um todo (Existem realmente 4 forças básicas?) do qual você pode concluir como O mundo visível para nós foi criado em uma galáxia com fenômenos invisíveis. É claro que isto se dá na perspectiva, como afirmaram os nossos cientistas, de que cada investigador tem de implementá-lo conforme necessário. Há um erro muito pequeno aqui. Se virmos as 4 forças básicas da ART, então está correto, mas no mundo quântico, que é a origem da substância do universo, as 4 forças básicas têm que ser diferenciadas de forma diferente. Isto significa: embora todas as 4 forças básicas existam no mundo quântico, elas foram transformadas na massa SL pela gravidade, de modo que só podem ser reconhecidas como quanta. Com a gravidade, os elétrons permanecem assim porque não são destrutíveis ou conversíveis. Os elétrons estão, portanto, presentes em todos os lugares, seja no mundo quântico ou no mundo atômico. Eles são a base de tudo, sem elétrons não haveria gravidade e no mundo atômico não existiria tabela periódica com toda a estrutura atômica.
Tudo é muito simples se você souber como funciona essa construção. Isto se aplica não apenas à fórmula do mundo galáctico, mas também a todo o resto, esta é a natureza humana. Todo mundo sabe o que isso significa e já passou por isso várias vezes. Mas primeiro forme o pensamento e
apresente-o.
Claro, gostaria de manter o quadro irrefutável das descobertas físicas da nossa ciência, tendo em conta que algumas leis devido à massa desconhecida do SL ainda não existem. No entanto, às vezes encontro limites para que minhas ideias possam se tornar oficialmente realidade em nível científico no futuro. O LHC no Cern está bem encaminhado. Na minha opinião, a libertação da energia de ligação de Q2 para N2 e A2 não pode ser provada aqui. Essa seria a tarefa dos superespecialistas em física quântica. No entanto, já foram feitas aproximações, mas nada de concreto pode ser dito sobre isso. Nem a teoria geral da relatividade nem a teoria quântica podem ser acomodadas numa fórmula mundial científica compreensível; estamos simplesmente numa fase de crise do modelo padrão com a cosmologia. Sei, por vários dados, que deve haver um ponto de transição entre os quanta e os átomos. No entanto,

honestamente não posso provar isso com uma fórmula. Esta fórmula, como a fórmula E=mc2, deveria ser considerada secundária porque os fenômenos dos quanta e dos átomos existiam antes da existência dos humanos. Na minha fórmula mundial, contudo, a compatibilidade consiste em ver a coexistência de ambas as teorias fundamentais como uma unidade simétrica. Foi semelhante quando a Terra ainda era plana e a descoberta de um globo a nível científico demorou mais de 200 anos. Hoje, claro, está num nível completamente diferente, mas em princípio é enganosamente quase o mesmo. Pelo menos hoje você não é mais ridicularizado.
A terra é redonda e ninguém poderia argumentar contra a verdade naquela época. No entanto, com esta mudança na minha teoria da fórmula do mundo galáctico, o nível de dificuldade é muitas vezes maior. Físicos nucleares altamente qualificados e especialistas na área de fusão nuclear são a manteiga retirada do pão, ou mesmo o pão integral? A fusão nuclear aqui na terra para gerar energia é uma tentativa de uma máquina de movimento perpétuo, essa é a minha afirmação clara! Esse resultado fica claro e claro através da minha interpretação da fórmula mundial, tudo fala contra a geração de energia a partir de reatores de fusão nuclear, isso é definitivamente! Como os átomos estão acabados e para poderem existir, eles precisam da energia de ligação dos processos Q2 a N2. Se a fusão for realizada novamente aqui na Terra, então vocês precisam de energia para iniciar o processo, e essa é a energia que vocês usam para isso. No final, você sempre acaba com menos energia do que usou. Foi por isso que mencionei o assunto pouco antes das alterações climáticas. Antes que passe algum tempo mais importante, confio em sensores quânticos e no LHC, que poderão ser capazes de produzir uma análise precisa do núcleo do Sol, a fim de apoiar o meu argumento teórico e, em última análise, esclarecer este espectáculo da ilusão da fusão nuclear que finalmente chega. até ao fim e abre assim caminho ao investimento em energias renováveis. A NASA também está muito ocupada investigando os processos exatos no Sol; ainda não se sabe se isso produzirá algum resultado. Em vez de depender do ITER ou de outros geradores de fusão.
As últimas investigações da NASA e da ESA estão voltadas para o Sol; deve haver aqui um avanço, que não pode demorar muito. Ao apresentar esta fórmula mundial, todas as 4 forças básicas são formadas simetricamente numa única força; não tenho conhecimento de nenhum exemplo de modelo que seja, mesmo remotamente, comparável a este. Como está muito próximo da dinâmica quântica do cromo, chamei-a de compressão gravitacional da dinâmica quântica. (Como eu disse, questiono 4 forças básicas) Você decide,

caro leitor. Também é secundário, sejam 4 ou apenas 3 poderes básicos, permanece como está.

Quando unificada, a primeira força básica mais fraca (gravidade) assume a hierarquia sobre a força nuclear fraca, depois a força nuclear forte e o eletromagnetismo como gestão, simplesmente controlando tudo. A gravidade e o eletromagnetismo são, portanto, inseparáveis e pertencem um ao outro como corpo e alma. Embora sejam definidos pela ciência como forças básicas separadas, nós, humanos, simplesmente os interpretamos como fenômenos separados. (ver gravidade) Na realidade, este erro resulta na procura de um gráviton, que não existe, (Porque não?) tal como o erro ao pensar na velocidade de rotação do Sol para a energia escura. Tudo isso é revelado de forma clara e compreensível na fórmula mundial ou em vários textos.

A gravidade na massa SL até altera a interação da energia de ligação das 3 (em vez de 4, é isso que quero dizer) forças fundamentais padrão para se formar simetricamente em uma força. Sob esta alta pressão, as camadas atómicas são dissolvidas e, num passo seguinte, os núcleons também, de modo que resta apenas toda a família dos quarks. Aqui só existe gravidade devido ao peso da massa SL, que é ativada pelos elétrons. Um cm3 desta massa SL pesaria mais de 90 trilhões de toneladas em nossa Terra. Você tem que pensar sobre quanto pesa uma massa SL como um todo. Os elétrons são espremidos em um espaço supercondutor tão pequeno e ficam todos livres para produzir um impulso de linha de campo de pelo menos 1020 Tesla ou mais. Claro, isso pode continuar a aumentar com massas SL maiores (galáxias). Esta é a única maneira de surgirem energias tão enormes através desta compressão; algo assim não é possível com o hidrogénio como material básico na massa do SL e no Sol. Em qualquer caso, a definição de hidrogénio não pode constituir a base aqui. O sol também não poderia ter sido criado pelo hidrogênio. Isto é impossível numa base atómica, de acordo com as leis da termodinâmica.

Para aprofundar esses fundamentos profundos da fórmula mundial, existem dois requisitos fundamentais para que os dois tipos de matéria sejam compreendidos no universo.

Por um lado, a questão da massa SL e dos sóis. Este assunto, que ainda nos é desconhecido, só pode ser identificado através dos fluxos de energia. Contém a família quântica, ou 4-5%? Conteúdo dos núcleons, que foram então comprimidos pela gravidade. Somente neste estado todos os membros dos quarks são compactados na massa SL pela gravidade. NUNCA seremos capazes de examiná-los em tal estado físico na bancada do laboratório. Está totalmente comprimido e muito pesado. Porque sem esta cadeia energética de ligação, nenhuma galáxia ou matéria escura pode reviver. Como eu disse; Talvez através da detecção quântica, a prova científica desta teoria da fórmula mundial possa, em algum momento, ser oficialmente comprovada como verdadeira. Mesmo que esta informação seja encaminhada às pessoas certas, as novas ideias de impulso poderão manter a perspectiva de sucesso para as investigações no LHC. Caros leitores, apoiem esta fórmula mundial e comparem os problemas não resolvidos da física e da cosmologia da Wikipedia. Você percebe que não apenas um grande número de problemas é descoberto, mas com uma análise adequada, tudo. Use o link para encaminhar este livro a todos os seus amigos e conhecidos que o conhecem; as chances são de que levará menos tempo para finalmente tomarmos medidas construtivas em relação às mudanças climáticas. Aqui, grande parte da ilusão da fusão nuclear visa combater politicamente as alterações climáticas. Porque através do conceito de mudança climática me deparei com a fórmula mundial através da teoria falha da fusão nuclear. Definitivamente está claro! Não pode ser hidrogénio, que é como os sóis geram a energia primária para a sua fusão nuclear. De onde deveria vir a energia de ligação do hidrogênio? Talvez de uma nuvem de gás quente? Quem deve comprimir esse gás? Lei da conservação de energia! Também é o gás mais expansivo de todos que conhecemos. Tudo aqui fala contra as leis da energia termodinâmica! Você não precisa de mais perguntas para uma análise. Como o Sol (mais explicações sobre o sistema solar) deve ter surgido da massa SL, ele naturalmente consiste na mesma matéria no núcleo que o SL massivo. A outra matéria (da tabela periódica) que conhecemos é a matéria atômica, produzida apenas pelo Sol, com todos os planetas e todos os acessórios, até a Nuvem de Oort.

Sabemos que o estado físico da matéria nos mostra em que estado ela se encontra. Dependendo da relação temperatura e pressão, existe um estado gasoso, sólido ou líquido no mundo atômico (sistema solar); outro elemento só pode ser criado através de fusão nuclear, decaimento isotópico ou fissão nuclear, caso contrário, o elemento só muda através de processos radioativos . É muito bom ver pela curva de nuclídeos como os elementos se estruturaram de maneira muito simples; no Sol há constantemente mais decaimentos +beta e -beta para se aproximar dos átomos estáveis. Este é o terreno fértil para os neutrinos, que foram comprovados como portadores de massa em 2015. Assim, atuam como uma força antigravitacional em todos os sóis, o que leva a expor a falácia da energia escura. Todos os corpos celestes que se formaram ao redor do Sol, incluindo a nuvem de Oort, emergiram deste material a partir do vento solar. A heliosfera foi originalmente também a zona de formação da nuvem de Oort. Todos esses corpos, não importa como os chamemos, foram produzidos pelo sol. (veja formação planetária) Isso só fica claro através de um exemplo em escala e você pode reconhecê-lo sem ser um especialista em astronomia. Se reduzirmos o diâmetro da nossa galáxia de 100.000 LY(anos-luz) para 1.000 km, o nosso sistema solar até à Cintura de Kuiper terá o tamanho de um grão de bico com um diâmetro de aproximadamente 15 mm e a Terra estará a aproximadamente 0,157 mm de distância do Sol. A próxima estrela está a apenas 43 metros de distância. Há cerca de 14-15 mil milhões de anos atrás, as coisas eram completamente diferentes, mas isso diz tudo: em resumo: o Sol lutou pelo seu lugar! Claro, isto só foi possível com a ajuda de muitos outros sóis, até que todos os sóis que podemos observar hoje estivessem num curso orbital para uma determinada massa. O resto foi absorvido pela massa do SL há muito tempo, através de distâncias, velocidades ou direções insuficientes. Estimo que a taxa de rejeição seja superior a 80-85% ou mais. Entre os sóis existe apenas a nuvem de Oort que, na minha opinião, tem todos ou quase todos os sol. No início da formação do sistema solar, era um escudo protetor para as substâncias materiais. Somente quando a temperatura for equalizada, porque a temperatura fora do sistema solar em formação foi muito mais alta durante bilhões de anos. Aqui, depois de 6 a 7 bilhões de anos, um impulso se instalou após a queda, de modo que os pedaços de condensação da nuvem de Oort foram lentamente expulsos. (ver explicação da Nuvem de Oort) A Nuvem de Oort dá-me a sensação de ser como uma casca de ovo, ou seja, uma protecção para o interior, a fim de construir o sistema solar sem perturbações, que durou milhares de milhões de anos.

Ao observar a estrutura do átomo, verifica-se que a camada atômica é mantida unida pela força nuclear fraca com os elétrons e, portanto, é compressível. A gravidade na massa SL pode derrotar a força nuclear fraca e a força nuclear forte através de sua própria gravidade e dissolver a casca. Até os núcleons são destrutíveis pela gravidade e o que resta é a família dos quarks no nível abaixo da singularidade. Portanto, todas as 4 forças básicas combinadas como uma força compacta. Como o estado agregado de uma matéria depende da temperatura e da pressão, esta é a única maneira pela qual a pressão pode aumentar devido à enorme massa total da massa SL. (ver matéria desconhecida) A temperatura provavelmente desempenha um papel menor nesta massa SL, mas a corrente elétrica altamente concentrada também é levada em consideração, que constrói o campo magnético superforte através dos elétrons livres e, como supercondutor, provavelmente atinge uma temperatura correspondente. Imagine a familiar órbita do elétron em torno de um núcleo atômico com diâmetro de 50, 80 e 100 metros, se tomarmos o exemplo bem conhecido do ponto de impacto em um campo de futebol para os núcleos atômicos (núcleons) como grãos de arroz, o tamanho e os elétrons do tamanho de bactérias zunindo nas arquibancadas. 0,004-0,005% de um grão de arroz é o componente puro onde os prótons e nêutrons da família quântica se estabeleceram. Devido à densidade de massa, a massa do SL certamente se torna um supercondutor, que gera altas correntes com campos magnéticos inimagináveis para nós. Isto certamente também faz parte do projeto da natureza. Os relâmpagos que irrompem como tempestades aqui na Terra são trilhões de vezes mais fortes no clima do SL. Isso cria o campo magnético ou gravidade. Este fenômeno de campo magnético só pode ser formado por sua própria massa com a gravidade para atingir o estado com o qual a massa SL estende sua gravidade a uma distância de mais de 100.000 anos-luz e mais. Existem galáxias com até 1.000.000 de anos-luz de diâmetro. É absolutamente impossível conseguir isto em termos de pensar na utilização do hidrogénio como energia primária. Como essa energia poderia ser criada a partir do hidrogênio? De onde viria essa energia? Mesmo durante uma tempestade, as bússolas balançam descontroladamente, apenas por causa do campo magnético. Agora você tem que imaginar essa tempestade um trilhão de vezes mais forte e em uma massa quatrilhão de vezes mais densa e maior, então você terá uma ideia aproximada das forças que levam à gravidade. Mas isso é necessário para que o universo funcione.

A lógica desta energia de ligação pode ser reconhecida analiticamente no universo. Isso se explica da seguinte maneira. A massa SL consiste na matéria máxima comprimida e não possui núcleons, mas é densamente compactada como uma família de quarks. (0,004-0,005% dos núcleons) Aqui estamos em uma escala de aproximadamente 10^{-20m}, os elétrons têm um tamanho de 10^{-19m} e os neutrinos de 10^{-24m}. Neste estado de agregação, não há luz, nem fusão nuclear, nem perda de energia de qualquer tipo, devido à alta gravidade e ao plano predeterminado para a inteligência da natureza neste caso. Os humanos já copiaram muito da natureza, este é mais um marco para não acreditar na desculpa inventiva de Albert Einstein com a sua curvatura do espaço-tempo. (A gravidade é tão forte que nem a luz sai). Porque? Como a luz deveria sair da massa SL se não existe luz lá? Assim como o efeito de lente gravitacional é uma ilusão de ótica total, ou outras causas falsas estão se escondendo para nos enganar. Esse efeito de lente é uma mistura entre os neutrinos, os gases moleculares do planeta, que depois leva a uma espécie de prisma para dividir a luz, o que também nos engana como uma miragem. A luz não interage

através da gravidade, isso deve finalmente ser entendido. Não importa o que você veja. Alienígenas também foram vistos por muitos. Eles definitivamente existem! Mas eles não podem vir até nós.
Aqui está um breve flash de prova, que também é explicado em detalhes. Depois de vários bilhões de anos, a massa do SL quase se credenciou e apenas existem sóis individuais ao seu redor (os últimos, por assim dizer). Vemos a massa do SL como matéria escura. Se não houver mais sóis, esta massa SL não pode ser vista porque está apenas rodeada por linhas de campo eletromagnético que surgem da massa para a gravidade. Não há como localizar esses fenômenos sombrios. No máximo é assim: imagine um relógio com 25cm de diâmetro deitado sobre uma mesa. No meio deste relógio está uma bola de tênis. Se você agora olhar para a borda do relógio a 10 metros de distância e o 6 do relógio estiver no meio do relógio na frente, então das 11 horas à 1 hora você não poderá ver o que está atrás do bola de tênis. Se, da perspectiva da nossa Terra, a órbita de talvez 2 ou 3 sóis gira em torno do SL em alta velocidade, de modo que a órbita ocorra no espaço como no mostrador ali, você tem que medir a velocidade dos sóis e então quando eles estão por trás da massa SL desaparecer, meça o tempo que leva até que ela se torne visível novamente. No exemplo do relógio, isso seria das 11h à 1h. Então você pode calcular o diâmetro da matéria escura. No entanto, precisamos de muita paciência até que tal constelação surja da nossa perspectiva. Mas isso não é impossível. Essa seria uma tarefa para nossos observadores de estrelas.
De acordo com o princípio da probabilidade, existem entre 15-20% ou mais ou menos matéria escura, ou seja, galáxias existentes que se desenvolverão novamente em algum momento e então existirão como galáxias visíveis com bilhões de sóis que conhecemos. Este é um ciclo eterno correspondente ao tamanho da galáxia de 10 a 100 bilhões de anos de vida ou mais. Mas quem sabe ao certo? Tal desenvolvimento não pode ser seguido, não se envelhece tanto e seriam necessárias milhares de gerações para obter resultados fundamentais aqui. É por isso que você só pode estimar aproximadamente os diferentes desenvolvimentos para ter uma ideia usando essa química, conforme descrita aqui neste livro.
À medida que as galáxias se expandem através de outra matéria escura, triliões de sóis dissolvem-se com esta matéria ao nível da família dos quarks. Este acidente dissolve ambas as massas do SL em triliões ou mais de "detritos" em forma sólida ou líquida. Não sei, e quem sabe, mas inclino-me mais para a matéria líquida, que é deformável pela gravidade e deve evoluir para sóis redondos devido à alta gravidade. Porque todos os sóis parecem

redondos. Agora você pode ver mais traços de energia nas galáxias. Se os fragmentos individuais forem excessivamente grandes, eles permanecem em órbita como pequenas massas SL ou também formam galáxias anãs com um pequeno número de seus próprios sóis. Eles existem até mesmo na órbita externa da galáxia, ou na borda das galáxias além. Com a galáxia da roda de carroça você pode ver muito bem como algo assim poderia se formar no futuro. A maioria tornou-se sóis de vários tamanhos. Os pedaços solares que foram capazes de iniciar a fase de fusão nuclear perderam a alta pressão gravitacional da massa SL para a sua própria massa agora menor e podem começar a construir o seu sistema solar. Isso poderia então ser descrito como uma constante. Eles foram acionados automaticamente para a fusão nuclear, ou foram acionados ou acesos pelo calor extremo causado pela colisão friccional das massas do SL. Mas apenas se estiverem no ambiente quente de milhões ou bilhões criado pelo acidente. (Veja aqui sistema solar) Ao perder a gravidade anteriormente forte, o processo de liberação da energia de ligação Q2 para N2 e depois N2 para A2, família Quark para núcleons e fusão nuclear (para todos os elementos) é pré-programado para a próxima energia de ligação passo e não pode mais ser interrompido. O sol foi criado. Durando bilhões de anos aqui neste momento, as 4 forças básicas da massa SL estão distribuídas em trilhões de fragmentos ou detritos, pode-se dizer que é um big bang galáctico, mas apenas para uma galáxia, não para todo o universo, (veja esboço em escala do universo) porque isso seria pura fantasia! Você tem que fugir da teoria, é hocus pocus. Esses sóis formam então blocos de construção de nuvens de matéria quente e plasma na galáxia para produzir planetas com vida como o nosso. Esta segunda fase de energia de ligação é libertada como energia primária no núcleo solar exterior e o processo de fusão nuclear começa em torno do núcleo solar na coroa exterior tal como a conhecemos, mas, claro, sob condições diferentes. A preservação e energia primária do sol vem da fase de energia de ligação Q2 em N2, a etapa de energia de ligação N2 em A2 é a formação dos elementos que conhecemos, inclusive os radioativos, e o início de um mundo atômico, que é o que tudo aqui é feito de. Interpretado de forma diferente; A energia de ligação liberada de Q2 para N2 é a base para todos os outros processos de fusão nuclear que surgem de N2 para A2. Portanto, um gerador de fusão nuclear na Terra não pode produzir energia em excesso. Não temos essa energia na Terra para executar o processo de fusão nuclear.

Com a sua gravidade, a massa SL tem, por assim dizer, "carregado" a matéria atómica anteriormente acreditada (A2) através da gravidade. Assim como na nossa Terra, a energia é carregada pela gravidade. Basta pensar na evaporação

da água (energia solar) que depois chove em grandes altitudes e barragens são construídas para usar a gravidade da água através de geradores para gerar energia. Barragem acima = massa SL Q2, tubo descendente de cima para o gerador = quarks para núcleons N2, gerador = produção de calor no sol A2. Agora as pessoas em nosso planeta estão tentando usar a água que flui após o gerador para acioná-lo. Não há pressão na tubulação, e é por isso que a fusão nuclear para gerar energia não funciona. Uma fonte de energia artificial de 100 milhões de °C deve ser fornecida para um momento de fusão. No exemplo, a alta pressão teria que ser gerada com uma bomba d'água forte para que o gerador pudesse voltar a funcionar para gerar energia. Se eu desligar a bomba, o gerador para. Da mesma forma, a fusão nuclear pára quando não é fornecido mais calor para a fusão. Tudo isso já aconteceu e os experimentos demonstraram isso. Então tudo o que falta é a mente.
Que energia deve ser aplicada para destruir os núcleons para que a família dos quarks fique livre, a mesma energia é liberada durante o feedback. (Exemplo de memória; concha atômica no estádio de futebol com um grão de arroz no ponto de contato) Isso significa que na fase de energia de ligação de Q2 a N2 as famílias de quarks se fundem para formar núcleons, que então se fundem na energia de ligação de N2 a A2 fase para fusão adicional para formar hidrogênio, hélio, etc., desenvolve-se por acaso. No final, temos todos os átomos de que precisamos para viver. Também aqui, o feedback da energia de ligação (Q2 a N2) é obrigatório (lembramos 1cm3 = <90 biliões de toneladas), que fornece a energia primária para futuras fusões nucleares. É por isso que, como eu disse, a fusão nuclear não funciona para gerar energia na nossa Terra. Funciona apenas por um momento com energia suficiente adicionada. Mas nunca com ganho de energia! (lei da conservação da energia)
Por fracasso da matemática quero dizer a compressão das fases de energia de ligação na massa SL de A1 para N1 e de N1 para Q1. Que eu saiba, não há cálculo de uma constante de energia ou ordem de grandeza para isso. Assim como? Ainda nem chegou à ciência. Eu mesmo vejo a matemática como secundária aqui. Só precisamos saber como funciona para depois colocar matematicamente esse princípio no papel. Outras pessoas deveriam fazer isso, não gosto disso.
O que me dá dor de cabeça com o processo solar é o momento em que o sol para de brilhar no processo de fusão por feedback de Q2 para N2 e depois para A2. Então, quando o sol se apaga lentamente no tempo astronômico. Minha primeira teoria para isso é definitivamente a força gravitacional. Não posso dizer pelos traços de energia o que exatamente está acontecendo. No entanto, o que suspeito pode estar relacionado com a temperatura de Q2 a N2,

que é controlada pelos neutrinos. Assim como acontece com a fusão nuclear artificial aqui na Terra. A fusão nuclear pára aí sem qualquer processo adicional porque falta a energia de Q2 para N2. Paralelamente a este processo, a gravidade continua a diminuir e o Sol expande-se a tal ponto (mas não o núcleo) que os planetas gasosos evaporam, tal como os planetas de ferro da nossa Terra. Mas então a vida na Terra está condenada à extinção despercebida durante milhões de anos. Não notamos nada sobre isso. Ou as alterações climáticas já são o começo?

Estes eventos não podem ser interpretados de forma diferente com base nos traços energéticos das observações visíveis nas nossas galáxias. Ou vocês, queridos leitores, têm uma teoria melhor? Os gigantes vermelhos, por exemplo, são fenômenos desse tipo: devido à diminuição da gravidade, eles se expandem muito lentamente, comem seus próprios planetas e em algum momento surge uma nebulosa de matéria que surge das camadas de fusão do Sol e se expande para dimensões relativamente pequenas. . A Nebulosa do Caranguejo ou Nebulosa da Águia têm um calibre diferente e provavelmente são formadas por outros fenômenos.

A razão pela qual existem duas fases de energia de ligação no feedback de energia de ligação tem a seguinte razão para a análise.

Se houvesse apenas uma fase de energia de ligação (quarks a conchas atômicas), o Sol explodiria logo no início da fusão nuclear ou, no caso teórico, queimaria completamente sem deixar nenhum resíduo. Porém, depois surge uma estrela de nêutrons ou magnetar, então deve ter havido duas fases de energia de ligação, porque a energia não pode ser enganada, os traços indicam isso. Em outras palavras; A segunda energia de ligação é preservada com a família Quark, tem que ser incrivelmente compacta e só pode ser destruída em caso de colisão. É por isso que a energia de ligação N2 a A2 se expande devido à pouca gravidade e se desfaz porque proporcionalmente não há equilíbrio de Q2 para N2 com menos gravidade e o sol ficando maior. Aqui a proporção não é mais correta, o que resta é a estrela de nêutrons ou magnetar com sua gravidade relativamente forte, justamente devido às famílias compactas de quarks. A maior parte do hidrogénio e do hélio está na nuvem em expansão, mas nunca no próprio núcleo, razão pela qual o Sol se expande no tempo astronómico.

Este processo de expansão ocorrerá muito lentamente, antes que a coroa solar e as suas subcamadas se tornem tão grandes que destruam os seus planetas e depois se afastem cada vez mais, como o vento solar antes, mas com moléculas enormes e nuvens de vento solar. O que resta é uma nebulosa com uma estrela de nêutrons no meio. Esse processo leva milhões de anos. Existe também a possibilidade de que não haja nenhuma explosão, mas que a expansão da coroa solar se desfaça a alta velocidade (100 km/s?) e seja dificilmente mensurável para nós. Você teria que olhar para o céu por 10.000 anos e então a nebulosa seria um pouco maior do que antes, esse processo ocorre muito lentamente. Alguns gigantes vermelhos estão nesta fase e converteram os seus próprios planetas em gás e incorporaram-nos na nuvem de matéria.

Explosões observáveis são colisões descontroladas que não podem ser evitadas.

Com esta visão geral, você sabe aproximadamente o que isso significa, mas para a maioria dos leitores deste livro a família Quark é algo desconhecido. Gostaria de melhorar isso para dar uma compreensão do possível processo desta teoria para que todos podem pensar sobre isso de forma mais compreensível.

Para nós, a compressão de ferro ou aço titânio não é possível, mas se você observar os tamanhos das conchas atômicas, então uma concha atômica tem cerca de 10^{-9m} de tamanho. Essa seria a dimensão externa de uma concha atômica, que agora pode ser tornada visível com um microscópio de força atômica. Os núcleons, no entanto, são um milhão de vezes menores, ou seja, 10^{-15m}, o espaço entre eles está vazio. Se você preenchesse esse espaço com núcleons um milhão de vezes menores, poderia haver espaço para cerca de 785 quatrilhões. Como nossos elementos têm um número diferente de prótons e nêutrons, você teria que dividir isso pelo número total de prótons e nêutrons (peso atômico) de uma matéria e então obter o número de núcleos próximos do aço titânio, neste caso quase aprox. • 15 quatrilhões de núcleos atômicos. Este é o espaço que anteriormente tinha uma camada atômica feita de aço titânio, que agora contém 15 quatrilhões de núcleos atômicos de aço titânio neste volume da camada atômica de aço titânio, e os elétrons também devem estar na camada. Mas isso é pequeno porque são cerca de 1.800 vezes menores que os núcleons. Esta seria a etapa de energia de ligação de A1 a N1, a etapa de energia de ligação de N1 a Q1 teria outra redução de 1.000 vezes para os quarks up e down com tamanho de 10^{-19m}. Os outros membros da família Cham Quark, Botom Quark e Top Quark encolhem novamente para 10^{-21m}, ou seja, quase 1.000 vezes menores.

O assassino absoluto é o tamanho dos neutrinos de 10^{-24m}, que são outras 1.000 vezes menores que o quark top, mas eles não existem porque as forças nucleares fraca e forte foram enfraquecidas pela gravidade. Mas agora que está a acontecer, os neutrinos da família dos quarks acabarão por parar através do decaimento -beta + beta e, assim, anunciarão o fim do processo de

combustão do Sol. Os elétrons estão aproximadamente na mesma ordem de grandeza
10^{-19m}, aproximadamente para os quarks up e down. A razão de tamanho por si só nos obriga a considerar que é aqui que a matéria básica estabiliza a sua origem e a matéria desconhecida é composta por esta.
Agora você poderia dizer que cerca de 1 milhão de quarks up e down cabem em um próton ou nêutron. Como os férmions, léptons e bósons são outras 1.000 vezes menores que os quarks up e down, a energia de ligação Q1 é alcançada. Foi provado que os elétrons são estáveis e não podem ser divididos nem destruídos, assim como os outros membros da família Quark se comportarão de acordo, não há nada a dizer contra isso, pelo contrário, fala do fato de que os elétrons não podem ser alterados, porque é deles que vem a gravidade, portanto estão sempre ativos, não importa qual estado da matéria esteja presente. Esta estrutura gravitacional dificilmente pode ser distinguida entre as massas solar e SL na estrutura do disco. É idêntico em design, o que pode ser visto claramente pelos traços de energia. Isso então leva à identificação do mesmo assunto.
Somente com esse material é possível que o Sol e os seus planetas possam acumular-se ao longo de milhares de milhões de anos e depois continuar a libertar energia durante muitos milhares de milhões de anos. Através deste ciclo de energia, os vestígios do Sol com a sua morte e reconstrução na massa SL levam inegavelmente ao processo sempre repetido para a criação de uma nova galáxia. Se você se perguntar, quantas vezes nós, humanos, existimos? Ou a natureza nos molda de maneira um pouco diferente a cada vez? No princípio da probabilidade em tal terra de cozinha comercial química, provavelmente é apenas uma questão de combinações com tempo suficiente.

13.2.) Fórmula mundial das galáxias.

Esta fórmula mundial é inovadora e revolucionária na nossa era atual. Há finalmente um avanço no avanço da investigação no nosso cosmos com outro marco e, muito importante, a forma correcta de combater as alterações climáticas. Gostaria de me dirigir aos milhões ou mais de activistas climáticos que estão a utilizar acções irresponsáveis para tentar alcançar algo através de manifestações contra as alterações climáticas. Todos que estão lendo isto devem saber com que tipo de monstro energético estamos lidando aqui. Estimado aproximadamente, isto representa cerca de 150 metros quadrados de petróleo,
Excluímos 150 mil metros quadrados de gás natural e 250 metros quadrados de carvão, madeira e outros itens. Atualmente, essas quantidades estão sendo queimadas a cada segundo em todo o mundo. Isso deve fazer você pensar. Esta foi a principal razão pela qual quis descobrir a fórmula mundial. Foi isso que me deu a ideia, porque realmente não foi fácil chegar a algo que ninguém tinha pensado antes. As notícias de 2015 me beneficiaram porque foi descoberto que os neutrinos têm massa e, portanto, carregam energia consigo. Aqui está um resumo muito breve e condensado, porque tudo já foi bem explicado. Antes de uma explicação sobre o tamanho do nosso universo, o que podemos ver com os telescópios. Se a nossa Via Láctea fosse tão grande quanto um CD 10cm -12cm, então poderíamos ver cerca de 15km -20km de distância com telescópios. Imagine estar no topo de uma montanha e ser capaz de ver a terra em todas as direções, mesmo teoricamente. A cada 2 metros ou 3, 4 ou 5 metros, às vezes até menos, existem galáxias até onde a vista alcança. Eles vêm em todos os tamanhos diferentes, com até 1 milhão de anos-luz de diâmetro. Destes biliões ou mais de galáxias, a nossa é apenas uma pequena, com cerca de 300 mil milhões de sóis. Todos têm diferentes estágios de desenvolvimento. Você acha que tudo isso vem do NENHUMA PARTE? Esta fórmula mundial diz-me como vive a nossa galáxia, e começamos com um pequeno Big Bang da nossa galáxia, que ocorreu há cerca de 12-16 mil milhões de anos. As massas do SL estão a desmoronar-se e triliões de sóis estão a evoluir, alguns como o nosso. Através das suas fusões, a massa SL no núcleo do Sol liberta todos os elementos necessários (118) nos primeiros 5-7 mil milhões de anos, ou mais devido às altas temperaturas, portanto, tudo o que pode ser encontrado hoje no Sistema Solar. Isto foi direcionado pela gravidade do Sol para que haja ordem no sistema solar. Os planetas formam-se em estados termodinâmicos da matéria, tal

como permitem as nossas leis físicas, o que reconheci bem. No esboço a seguir você pode ver as distâncias dos planetas ao sol. Quem ainda pode acreditar no hocus pocus que vem acontecendo há anos sobre o que a nossa ciência tem a dizer sobre a formação de estrelas e planetas que se diz terem sido formados a partir de matéria, poeira e gás?
Durante a vida do nosso sistema solar, a energia é liberada e tudo o que é molecular volta para a massa SL. Isso leva muitos bilhões de anos. Durante este tempo a Terra está viva e só temos um pequeno momento com ela. Então chega a hora em que o sol se despede e as luzes se apagam lentamente por toda parte. Você também pode ver no universo que algo assim existe. Em algum momento a nossa galáxia estará pronta e talvez outros habitantes de galáxias distantes observem as nossas últimas estrelas girando em torno da nossa massa SL e então pensem que isto só pode ser matéria escura.
Quando a galera do SL recolheu tudo de novo, em algum momento a diversão recomeça. É assim que vejo a vida no universo. Só podemos admirar o que a natureza criou. Tudo isso com perfeição, onde cada quark individual (veja canto inferior direito no esboço) recebeu sua distribuição de tarefas para a justificação da existência no universo.

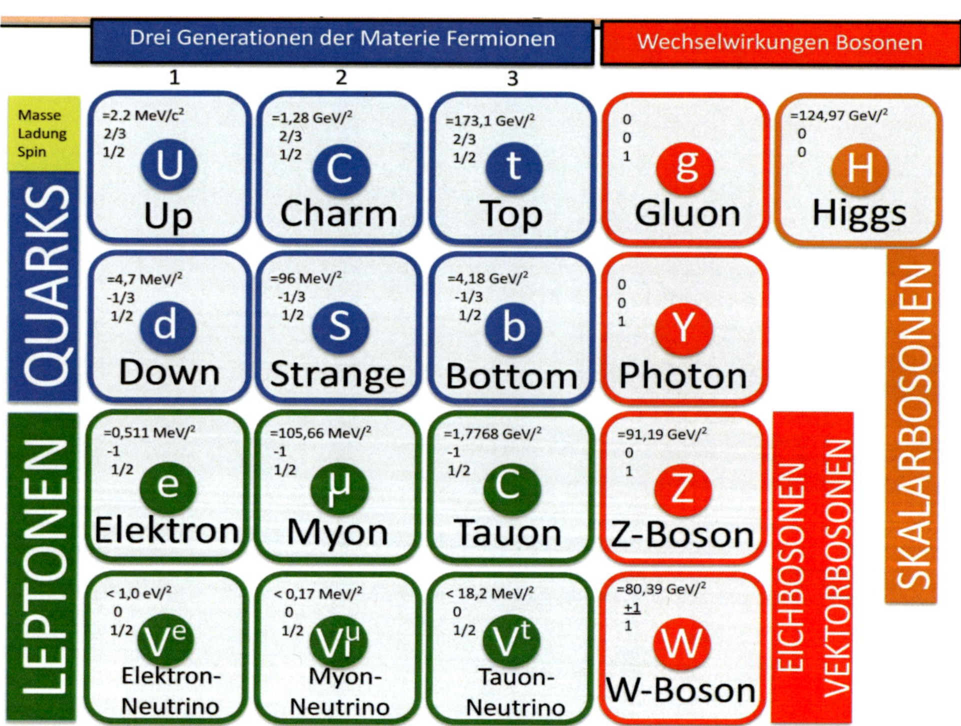

O Universo de Perspectiva da Fórmula
revela a visão de mundo para o universo visível.

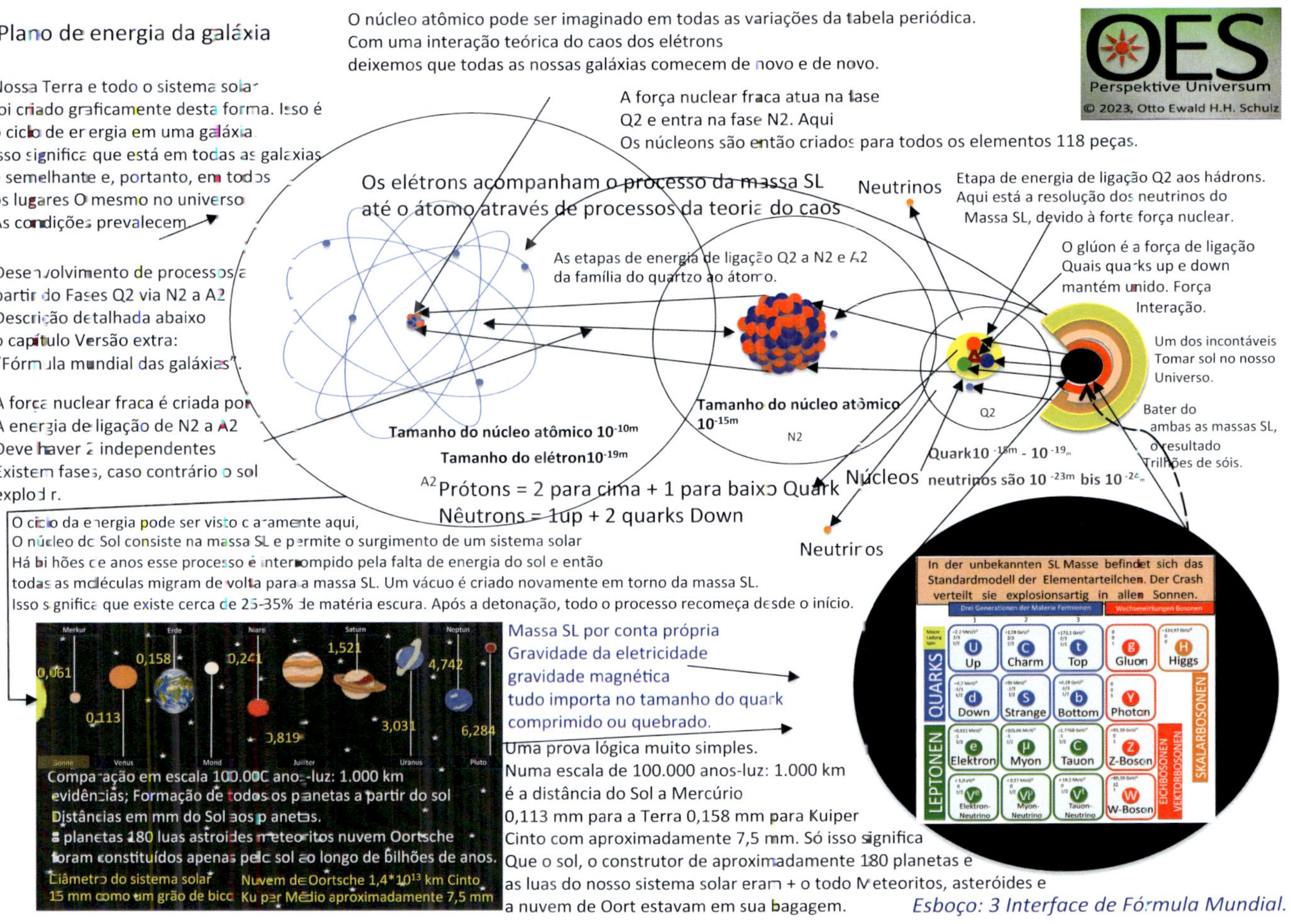

Esboço: 3 Interface de Fórmula Mundial.

14.) Nosso sol.

O sol consiste no mesmo material (massa desconhecida) que a massa SL, todas as 4 forças fundamentais estão nele. No entanto, a energia nuclear fraca e forte está à espreita. O eletromagnetismo e a gravidade são 2 forças fundamentais que foram identificadas pela nossa ciência como 2 forças fundamentais diferentes, mas estão ligadas entre si de tal forma que não podem ser consideradas separadamente ou separadas ou aparecer individualmente. É por isso que sou de opinião que a origem de ambos, não importa como você olhe, vem dos elétrons. Portanto, a força eletromagnética básica conta ambas as forças básicas juntas como uma só. Porque onde quer que haja algo, independentemente de ser uma molécula ou um átomo, o elétron também está lá, e o campo magnético já existe quando o elétron individual se move. Os elétrons não ficam parados.
Por um lado, as ondas gravitacionais espalham-se por milhões de anos-luz e só são criadas como ondas quando uma massa de 2 SL se choca. Então a onda gravitacional, que é muito forte. Isso também poderia ser comparado a um raio de uma tempestade aqui na Terra. Isso também cria ondas gravitacionais, que são trilhões de vezes mais fortes quando duas massas SL colidem. (Só para citar um número) Em segundo lugar, a gravidade atua como gravidade sobre si mesma com sua própria massa, ou seja, é comprimida por sua própria massa comprimida a partir de uma certa profundidade de massa. Assim, o núcleo solar consiste na matéria que foi originalmente comprimida na massa SL. Sóis do nosso tamanho conhecido não são capazes de compressão de massa. Porque como sóis eles perdem massa em vez de absorvê-la. Esta conclusão lógica leva ao fato de que todos os sóis deveriam ter no máximo um determinado tamanho. Mas como existem sóis muito maiores, esta teoria da formação a partir da poeira e da matéria cai por terra, ou seja, é um disparate total. A partir do momento em que este pedaço do Sol é libertado da massa SL devido à colisão, a função de fusão nuclear do Sol começa devido à enorme temperatura de atrito e à queda repentina na gravidade anteriormente elevada da massa SL. (Especulativo) A formação do núcleo solar para a coroa solar deve, portanto, ocorrer através de 2 rajadas de energia de ligação. Este processo também pode ser comparado à queima de madeira em nossa terra; carbono, oxigênio e hidrogênio se combinam e o dióxido de carbono é o principal produto que sai. É por isso que a madeira não explode, mas sim queima, como os elementos básicos dos nossos quarks. Se o Sol fosse feito apenas de hidrogénio, como acreditam os cientistas, o Sol

explodiria. Isto aconteceria com vários gases, por exemplo gás propano ou similar, que não requerem quaisquer explosões de energia de ligação, mas que explodem abruptamente.

Isto leva um tempo astronômico razoável de vários bilhões de anos para construir um sistema solar devido ao ambiente muito quente (milhões a bilhões de C° ou mais no acidente). O sol se funde em milhões de °C e, portanto, funciona como um sistema de ar condicionado em comparação com a temperatura ambiente mais elevada que prevalece no início. Esta afirmação pode ser feita através de observações energéticas de outros corpos celestes. Na superfície do núcleo solar, a resolução da energia de ligação de Q2 a N2 surge ou se desenvolve na forma dos membros da família dos quarks, dos quais emergem os núcleons. Ao mesmo tempo, os processos teóricos do caos produzem camadas atômicas com diferentes números de prótons e nêutrons, incluindo elétrons, ou melhor, colocam os átomos na posição correta. Esta é então a etapa final da energia de ligação N2 a A2 na conversão do nosso mundo atômico. Devido à simplicidade da estrutura, principalmente hidrogênio e hélio. Os decaimentos beta são concluídos na primeira etapa da energia de ligação e também podem ser vistos como a primeira energia primária do sol. Os decaimentos beta mais e menos, principalmente em termos de quantidade, sendo o hidrogênio em hélio apenas um subproduto da energia solar total real. As forças nucleares fraca e forte são agora criadas durante estes processos e moldam o nosso mundo atómico através do sol. A curva completa de nuclídeos dos elementos é construída principalmente na faixa de alta temperatura dos primeiros 6 a 7 bilhões de anos. É aqui que se conecta a criptografia que leva à linha divisória ou interface entre a teoria quântica de campos e a relatividade geral. A estrutura da coroa solar depende apenas da gravidade, aqui as forças internas básicas (eletromagnetismo e gravidade) (a expressão ideal deveria ser chamada de magnetismo eletrogravitacional) controlam a estrutura correspondente da coroa solar com suas subcamadas de processos de energia de ligação. Nesta fase final da fusão, a gravidade é suficiente para controlar a coesão da superfície solar. Isto também pode ser visto em vários outros sóis através da simples observação. (gigantes vermelhas, anãs brancas, etc.) Todos esses fenômenos não podem se formar a partir de poeira estelar e nuvens moleculares, isso é pura bobagem e truques. Prefiro dizer isso com mais frequência do que pouco.
A maior emissão de energia do Sol não pode ser imaginada sem neutrinos, porque esses neutrinos controlam a razão de ser posterior do Sol em duas construções de pensamento diferentes. Por um lado, os neutrinos atingem a

superfície do núcleo do Sol como um jato de areia e, ao libertá-los, encorajam a família dos quarks a manifestar-se em núcleons. Para não esquecer, a massa do núcleo solar tem tamanhos de partículas elementares de 10^{-19m} a 10^{-21m}. Os neutrinos como sopradores de jato de areia são 1.000 vezes menores, de 10^{-24m}. É por isso que pode funcionar assim. Este processo de "jateamento de neutrinos" é importante para o fornecimento constante e fundamental de energia para que processos descontrolados não ocorram ao sol. Lembre-se de que os neutrinos não podem voar através do núcleo do Sol. Este seria o caso sem este processo de neutrinos. Não consigo pensar em nenhuma outra maneira de controlar esse processo por conta própria. Sem este mecanismo, o Sol passaria de outra forma para o processo de fusão de forma descontrolada, e depois? Estou inclinado a esta hipótese porque no processo posterior de transformação numa gigante vermelha, o bombardeamento de neutrinos diminui lentamente à medida que o núcleo solar se torna mais pequeno e a coroa solar se afasta do núcleo solar, infla e depois destrói o seu próprio sistema solar. Esta seria uma conclusão lógica. Ao queimar madeira, a falta de oxigênio faria com que a madeira se apagasse lentamente. Uma estrela de nêutrons é então deixada a partir do Sol, com a nebulosa como a coroa solar anterior, o que demonstra de forma observável esse processo. Por que outro motivo a fusão nuclear falha em uma estrela de nêutrons? Por que a massa da estrela de nêutrons também lhe confere um magnetismo superalto como um magnetar? Essas duas perguntas fornecem mais respostas para o que eu estava pensando. Outras evidências deste fenómeno confirmam a ausência de quaisquer planetas fora do sistema solar nesta fase. Da mesma forma, a estrela de nêutrons não possui mais planetas. Significa claramente que o Sol sempre cria e destrói seus próprios planetas.

Então novamente! Sóis e planetas nunca se formam em nuvens de gás, moléculas ou poeira, como ainda hoje se ensina. Simplesmente não tem lógica e viola a lei da conservação da energia. Porque o gás, as substâncias moleculares e as nuvens de poeira, até mesmo as pedras, os astroides, etc., já fazem parte do mundo atômico clássico, e a energia como a do Sol não pode ser regenerada. Isso seria uma máquina de movimento perpétuo e isso não existe! A energia só pode ser convertida; a energia nunca pode ser aumentada. Como já foi mencionado muitas vezes, a tão procurada fusão nuclear do hidrogénio em hélio para gerar energia, infelizmente, não é possível no nosso planeta. De acordo com a lei da conservação da energia, este é o cerne da questão e termina numa dolorosa falácia, razão pela qual não há produção de energia através da fusão nuclear na Terra. Para formar o plasma num reator de fusão nuclear, a energia deve ser fornecida por outra energia e no final

permanece apenas uma demonstração de fusão nuclear sem produção de energia.
A segunda construção de pensamento dos neutrinos vai para o ambiente solar e aparece como antigravidade. Como deve ser entendido? Os neutrinos agora não estão martelando seu próprio sol, conforme descrito na primeira construção. Agora eles brilham em outros sóis para afastá-los. Porque eles têm muito pouca massa (aproximadamente 0,6-0,9 eV) ou talvez nada, isso é incrivelmente pouco, mas eles chegam em massa. Este fenômeno explica a energia escura, bem como a expansão do mundo. Como explicação, você deve imaginar que cada sol funciona de acordo com este princípio, então, dependendo de como estão as concentrações dos sóis, as distâncias ótimas são reguladas independentemente por todos os sóis individuais. Desta forma, cada sol pode manter a distância necessária do mais próximo ao longo de bilhões de anos. Por esta razão, o nosso Sol poderia ter girado em torno da galáxia mais de 60 vezes sem ser atraído por outros sóis. Somente sob este aspecto a gravidade (que nunca pode ser desligada) continuará a fazer o seu trabalho de forma contida, manipulada e controlada para que a vida possa ocorrer nos planetas. Se os sóis consumirem gradualmente todas as suas energias, não haverá mais neutrinos e o SL puxará tudo para despertar novamente a vida de toda a galáxia. Explicações precisas sobre a energia dos neutrinos.

14.1.) Tabela periódica da nossa matéria no sistema solar.

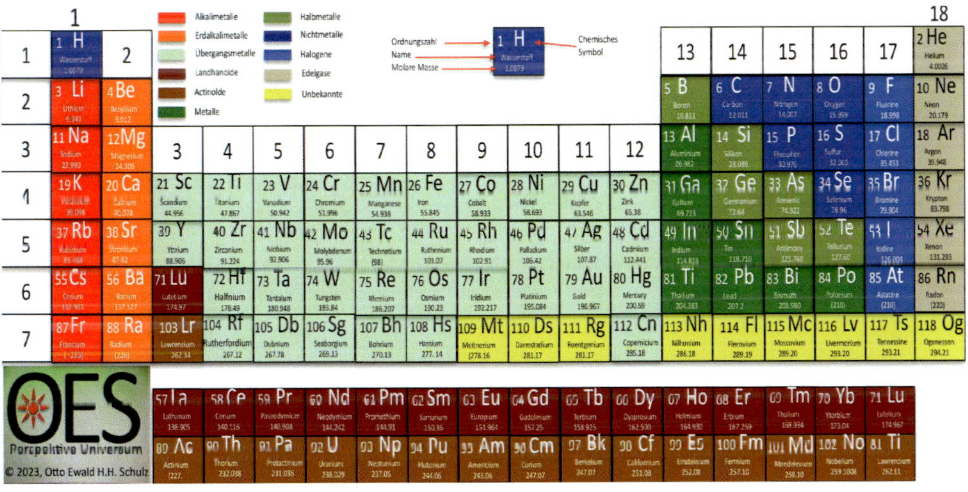

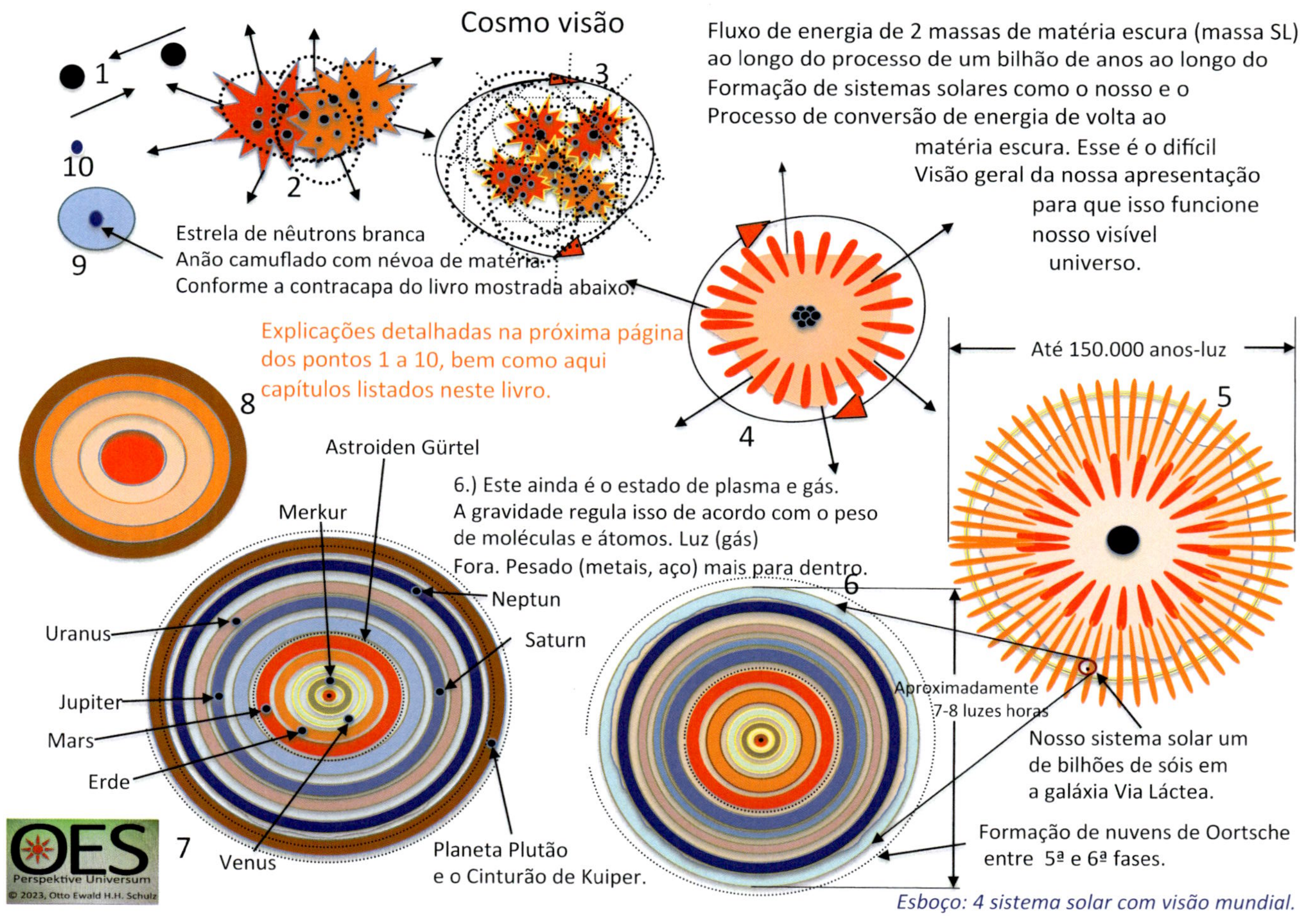

Esboço: 4 sistema solar com visão mundial.

Explicação resumida de um ciclo energético de mais de trilhões de galáxias em nosso universo visível.

1.) Começa completamente no escuro. Duas massas SL orientam-se e identificam-se através da sua gravidade. No
Não haverá então como voltar atrás neste curso, e a detonação futura irá liberar energia que não podemos imaginar
seu curso. Massas SL com tamanhos diferentes sempre se juntam, o que leva a diferenças complexas.
2.) Dependendo do tamanho, a detonação pode durar até milhões de anos; você deve considerar isso com tamanhos de até 5 meses-luz
O diâmetro das massas SL imagina que não é possível senão uma reprodução em câmera lenta durante esse tempo. A velocidade
Velocidade, tamanho, distribuição de energia, atrito com desenvolvimento de calor, tudo isso influencia o impacto nesta grande janela
de tempo. 3.) A velocidades de > 2-3 milhões de km/h e a uma distância até o fim de uma galáxia, um raio mede até 400.000 raios-luz.
Anos. Então você pode calcular quarto tempo dura essa explosão. É aqui que os sóis descontrolados atuam em todos
As direções se separam e com a gravidade dos sóis e dos neutrinos como antigravidade, incluindo isso novamente
campo gravitacional da massa SL forma uma galáxia com seus braços espirais posteriores. Este processo para nós é através da névoa
de matéria infelizmente não é visível. Tudo o que está acontecendo agora no interior da galáxia, que aquece até bilhões de graus Celsius,
é explicado nos capítulos. 4.) Neste estado, após cerca de 4-5 bilhões de anos, uma forma surge lentamente e você pode ver o que deveria
ser. 5.) Agora a galáxia já está claramente localizada com seus sóis em uma espécie de disco ao redor da massa SL. Nosso sol tem
Felizmente, eles sobreviveram bem ao curso da evolução e construíram suas nuvens de plasma e moléculas de gás no passado.
6.) De acordo com as leis físicas de conservação de energia, é aproximadamente assim que a formação de plasma é causada pela gravidade
Imagine o sol em sua massa circundante. Os elementos mais pesados estão orientados mais perto do sol e os gases estão orientados mais
longe a formação do planeta, no meio, fica o típico cinturão astroide, que mais tarde não se torna um devido a elementos incompatíveis
a formação planetária está chegando. Por exemplo: tomemos a água H^2O e o gás propano C^3H^8 que se repelem e, claro, muitos mais.
7.) Nesta fase todos os planetas com suas luas e todos os meteoritos e astróides incluindo o Cinturão de Kuiper e o
Nuvem de Oort formada. O sol fez bem o seu trabalho e criou vida na Terra. Naquela hora,
A nuvem de Oort foi expulsa como protetora por um impulso relativamente próximo do sistema solar, mas relativamente distante
do sistema solar. 8.) A vida acabou, a energia do sol evaporou e tudo parte para se reunir novamente na massa SL,
Para este propósito, o sol precisa da sua energia ascendente para destruir o seu laborioso trabalho de criação. Isso deve ser verdade
ser incluído em uma constante de galáxia devido à sua eficiência para processamento mais rápido. Então neutrinos não existem
mais, então esta pequena anã centro de sua nuvem pode ganhar massa de outras gigantes vermelhas.
9.) O sol então se tornou uma anã branca, que se vestiu como uma para fazer suas travessuras
dirigir. Ele também é responsável por isso. Porque tudo numa galáxia tem o seu significado, nada acabou, tudo tem o seu significado.
10.) Aqui escolhi uma pequena estrela de nêutrons como o fim do nosso sol. Existem também outras opções como
a matéria volta da substância atômica para a massa SL. Não importa como você encara, no final de tal galáxia
No processo, o que antes ocupava o lugar de uma galáxia permanece novamente no vácuo total. Com a massa absorvida
Pelas minhas estimativas, das 2 massas SL do nº 1, restam cerca de 60-70% para a formação de uma nova quando for reiniciada
Massa SL restante. Os outros 30-40% foram distribuídos de forma desigual no espaço em todas as direções.

Esboço: 5 Tipo.

15.) Formação do sistema solar.

Como sabemos agora, o Sol é feito da mesma matéria que a massa SL. Foi comprimido pela gravidade e fragmentado, esmagado ou talvez salpicado num estado viscoso como o futuro Sol como resultado da queda? Em qualquer caso, requer um estado agregado próprio (que ainda não conhecemos), que só leva ao início da energia primária absoluta do Sol através da alta gravidade. Somente através dessa compressão, ou seja, a dissolução (ou compressão) das camadas atômicas, a energia de ligação que estava nas camadas atômicas é acumulada trilhões de vezes. Imagine quanta energia seria necessária para comprimir um bloco de aço titânio medindo 1.000m^3 a 1mm3. Essa energia, que foi acumulada na massa do SL pela sua própria gravidade, é posteriormente arrancada pela colisão com um pedaço de entulho e torna-se ativa como o nosso sol. A primeira liberação de energia será através do desencadeamento da gravidade da massa SL e das altas temperaturas ambientes para iniciar os processos de fusão nuclear no sol. A alta temperatura ambiente e a falta de gravidade muito alta da massa SL levam inevitavelmente ao feedback das energias de ligação A1 a N1 e N1 a Q1. Este processo deve ser muito complexo, os traços energéticos mostram-nos detalhadamente. A estas altas temperaturas, todos os elementos da tabela periódica formam-se durante os próximos 1-6 mil milhões de anos e permanecem presos no estado de plasma gasoso no sino quente que rodeia o Sol. Até que as altas temperaturas fora do que era então a Nuvem de Oort esfriem lentamente. Este sino (nuvem de Oort), que se expande lentamente devido ao vento solar, é inicialmente mantido cativo por uma temperatura um milhão de vezes mais alta e lentamente se forma na nuvem de Oort na área de condensação externa após vários bilhões de anos. Esta área de condensação é comparável a tirar uma garrafa da geladeira e observar a condensação da água na garrafa. Frio no interior, como no círculo interno do Sol e onde ocorre a interface de condensação de acordo com as leis térmicas (pressão e temperatura) (ponto de orvalho), forma-se a nuvem de Oort. Toda a matéria do nosso sistema solar está ou esteve na bolha de gás ao redor do Sol, que se estende até a heliosfera atual. Ele é mantido lá por 1 a 8 bilhões de anos por um ambiente muito mais quente. A emissão de neutrinos começa ao mesmo tempo que a fusão nuclear do Sol e fornece um impulso aos sóis circundantes, mais do que a gravidade pode neutralizar, para que os sóis fiquem o mais longe possível de outros sóis. Se este for o caso para todos, dificilmente haverá um colapso galáctico interno. Isso é energia escura.

Durante este tempo, a temperatura fora da Nuvem de Oort reduziu, a pressão diminuiu e a Nuvem de Oort foi capaz de receber um impulso adicional de velocidade de escape do Sol através do vento solar. Ao mesmo tempo, o Sol, como num ovo, criou uma atmosfera dentro da nuvem de Oort através da sua constante fusão nuclear que levou à formação de planetas à medida que a temperatura diminuía. Portanto, é preciso ver a nuvem de Oort como um escudo protetor, comparável a uma casca de ovo. Exatamente como ocorreu o ciclo planetário com a formação da lua, bom, essas são especificações precisas entre todos os elementos que devem surgir em diferentes estados de agregação com nossas leis de dinâmica térmica e dos materiais. Tudo isso é controlado pela gravidade para direcionar cada material para a posição correta em termos percentuais. É por isso que os planetas gasosos estão mais distantes do Sol do que os planetas de ferro. Como eu disse, todo esse processo levou bilhões de anos. Antes mesmo de a nossa Terra se tornar Terra, 8 bilhões de anos já haviam se passado desde o Big Bang galáctico da Via Láctea.

15.1.) Planetas com formação lunar.

Devido à probabilidade e à simplicidade simples, formam-se principalmente átomos simples, com menos frequência que o exemplo H^3. Os elementos com número crescente de núcleons continuam a diminuir em quantidade produzida de acordo com a curva de nuclídeos. Es entsteht eine Vielzahl an minus- und plus Beta Zerfällen, der von Tritium ^3H und Deuterium ^2H zu Helium hat es unseren Kernphysik Forschern angetan und wird als unendliche Zukunft Energiequelle gesehen, was leider nicht funktioniert. Hierbei entstehen die Neutrinos die eine sehr hohe Energie auch auf unsere Erde bringen, (aber schon in der 1. Bindungsenergie Phase) mehr als das 1.000 Fache (so schätze ich) der uns bekannten Solarenergie von 1.367W/m^2 oberhalb der Stratosphäre. Bei der Neutrino Energie ist es egal wo man sich aufhält, sie dringt auch durch die Erde und ist 24h jeden Tag aktiv. Wir können sie nur nicht nutzen. Die Neutrino-Energie wird in Zukunft die Energieversorgung der gesamten Erde gewährleisten? Es ist nur eine Frage der Zeit? Näheres hierzu auf www.neutrino-energy.com Das sagen einige Forscher, aber das funktioniert auch nicht. Dieses Material ist auf unserer Erde und in jeder atomaren Welt nicht kompatibel. Schauen Sie sich nur einfach die Größe der Atome an, dann erübrigt sich jede weitere Frage.

Diese Neue, auch erneuerbare Energie steckt noch in den Kinderschuhen und ist um ein Vielfaches höher als aus der Wärmestrahlung und Lichtstrahlung zu entnehmen ist, die wir augenblicklich nutzen. Dieser Schritt der Überzeugung wird ein Meilenstein zu der Erkenntnis für die Energie der Zukunft sein. Bedeutet auch gleichzeitig, dass die Primärenergie der Sonne nicht aus Wasserstoff-Helium-Fusion in der Basis bestehen kann. Ich bin der Meinung, dass die Neutrinos nicht aus ^3H Fusion zu He entstehen, sondern früher in der Bildung von Nukleonen. Denn die regeln den kontrollierten Nachschub für die Gluon Bildung. Was sich in der Folge noch weiter als erwiesen herausstellen wird. Wohlgemerkt! Das mit der Energie aus Neutrinos wird behauptet. Jedoch muss ich hier vielleicht mal etwas mehr Aufklärung geben. Um diese Prognose zu realisieren, müsste man auch nur annähernd eine Materie haben, die ähnlich des Sonnenkerns entspricht. Merken Sie etwas? Dies Material ist leider auf der Erde nicht kompatibel und würde wie schon gesagt Billionen Tonnen bei geringer Menge wiegen. Also besser alles vergessen, aber schon interessant, was die Leute sich alles einfallen lassen.

Eine Sonnensystem Entstehung ist ein sehr komplexer Prozess, es ist nicht ausgeschlossen, dass einige Sonnensysteme besser als unseres funktionieren könnten, jedoch der weitaus überwiegende Sonnensystem-Entstehungsprozess führt meines Erachtens nicht zum Leben wie bei uns auf der Erde. Hier hat die Natur wohl in den Genen der Quarks Familie, (so scheint es mir), oder es liegt an der Größe der Sonne, diese Wahrscheinlichkeits-Prinzipien mit sehr magerer Ausbeutung verankert. Es gibt eine verblüffende Ähnlichkeit bei uns auf der Erde. Möchte damit sagen, dass in der Natur bei uns auf dem Planeten bei Pflanzen und Lebewesen die Polen, Spermien oder Samen zu Millionen oder Milliarden vergeben werden, aber nur ganz wenige gehen zur Fortpflanzung weiter daraus hervor. So in etwa kann man es sich bei den Sonnensystemen auch vorstellen. Vielleicht hilft als Beispiel das Verhältnis 1:1.000.000.000, dann wären es immer noch mehr als 200-300 erdähnliche Planeten in unserer Galaxie und es gibt mehr als Trillionen Galaxien. Bei dieser Überlegung gäbe es ca. Trilliarden Erden so wie unsere, und das nur in der von uns sichtbaren Galaxien bis in 14-15 Milliarden Lichtjahre Entfernung.

Dies nur mal so nebenbei als Impuls zur weiteren individuellen Überlegung für Sie liebe Leser. Schade, dass hier durch mangelnde Energieübertragung sowie Energiekonservierung niemals eine persönliche Verbindung zum Treffen zwischen den Sonnensystemen stattfinden kann.

Was passiert also in den ersten 200 Millionen Jahren nach dem der Crash von zwei SL-Massen vollzogen wurde? Nur alleine der Crash der ca. 2-4 Millionen Jahre oder mehr andauern kann, werden Temperaturen im Milliarden Bereich durch die hohe Reibung und den Druck auf die SL Masse erzeugt. Die Expansion wird hauptsächlich von der hohen Temperatur und dem verbundenen Druck angetrieben. Bei einer Ausweitungs-Geschwindigkeit von mindestens 1.500-2.000km/Sek. expandiert der innere Crash-Kern. Diese heiße expandierende Gasblase wird von Billionen Sonnen-Brocken in verschiedensten Größen in allen Richtungen begleitet und verteilt sich Chaos mäßig. Es bildet sich aus diesem Crash eine neue Galaxie die sehr hell und kugelförmig oder elliptisch ist. Mit hoher Gammastrahlung hohem Radiowellen Anteil und manchmal auch mit einem Jet kann dieser Prozess über mehrere Millionen Jahre identifiziert werden. (Es entsteht meistens eine elliptische Galaxie) Der Anfangs Blitz ist relativ astronomisch kurz, weil er von der Dunst- und Gaswolke eingehüllt und somit relativ schnell abgeschirmt wird. Nach 100 Jahren ist diese Dunstwolke auf knapp 15 Billionen km angewachsen, jedoch ist für astronomische Verhältnisse immer nur noch ein kleiner greller Punkt im Universum sichtbar. A partir do momento da ruptura, a fusão nuclear começa imediatamente no sol. Pedaços superdimensionados permanecem como massas SL agora e mais tarde, mas apenas se ganharem órbita em sua jornada atual do destino. Existem muitos obstáculos e eventos felizes aqui que devem ser integrados na formação do braço espiral para o sucesso posterior. A uma velocidade contínua de 1.500-2.000 km/sec. Os sóis lançados pela primeira vez chegariam a uma distância de 50.000 anos-luz após cerca de 5 milhões de anos ou mais. Nossa galáxia agora tem aproximadamente esse raio, originalmente no período após a queda a expansão teria sido de quase 100.000 anos-luz (raio). Devido às influências gravitacionais mútuas e às forças repulsivas dos neutrinos no anel externo, bem como nos pedaços seguintes, ocorrem colisões na longa viagem, nem todas podem ser evitadas. Todos os sóis subsequentes foram apresentados com uma resistência cada vez mais densa a nuvens de partículas de gás, com pedaços menores do sol voando na frente para frear e mudar de direção. Um factor importante neste processo é o arrefecimento da bolha de gás galáctico de alta temperatura através da fusão nuclear dos sóis. Este processo de resfriamento terminou há cerca de 6-7-8 bilhões de anos. Nos primeiros 6 bilhões de anos a temperatura estava na faixa de bilhões de graus Celsius. A partir do momento do 7° bilhão de anos (puramente hipoteticamente) a temperatura da região interna do sistema solar predominou. A temperatura de compensação foi de aproximadamente 10-15

milhões de °C entre a bolha de gás do sistema solar e toda a bolha de gás da galáxia. Nos primeiros 6 a 7 mil milhões de anos, contudo, este processo de arrefecimento é vital para a formação do planeta: os átomos muito pesados fundiram-se, tal como o ferro, o ouro e o urânio, etc. por outros pequenos fragmentos. Neste processo, que só ocorreu no primeiro terço da formação da galáxia, a alta energia de atrito entre o Sol a mais de 2.000.000 km/h e o ambiente de outra matéria que estava no atual ambiente de vácuo do Sol causou a alta fusão - Atingiram temperaturas que levaram aos elementos pesados. Devido a esta resistência ao impacto, a velocidade diminuiu lentamente ao longo de milhares de milhões de anos.Hoje este processo está completo e já não cai ouro na nossa terra através da aurora boreal. Apenas elementos insignificantes que podem se formar instantaneamente ao sol.
Tal como hoje, os ventos solares com os seus átomos e moléculas aquecem o nosso ambiente no sistema solar, mas durante este período as temperaturas tiveram que ser arrefecidas de milhares de milhões de °C ou mais para pelo menos menos de 5.000 °C para que o plasma e o gás nuvem de neblina molecular que foi capturada pela nuvem de Oort que se formou ao redor do sol pode entrar em colapso. Esta nuvem ficou presa pela pressão do calor de toda a galáxia. É claro que o processo de resfriamento ou área de condensação entre esses dois meios ocorreu primeiro na borda externa desta nuvem. Por exemplo, se você tirar uma garrafa gelada da geladeira, as gotas de água na garrafa são os pedaços da nuvem de Oort que se formaram no limite de condensação. Os vestígios atuais resultantes disto tornaram-se a nuvem de Oort durante esta fase de resfriamento. Porque a nuvem de Oort, com seus quatrilhões ou mais de pedaços de condensação, é uma evidência incomparável desse fenômeno. Hoje, envolve todo o sistema solar a uma distância de 1 a 1,5 anos-luz, como uma capa protetora esférica. Isso significa que os cometas sempre virão nos visitar. E estes cometas também pertencem ao sistema solar. Como vemos hoje, apenas cerca de 200-300 mil milhões de sóis atingem este estágio de desenvolvimento, correspondendo a uma galáxia como a nossa. A probabilidade de perder as massas solar e SL que explodiram para fora da galáxia é de cerca de 5% da massa total das duas massas SL iniciais. Os quase 95% restantes de ambas as massas do SL foram retirados e reabastecidos na massa do SL, porque sem a massa do SL nenhuma galáxia funciona. Ela é o domínio de tudo em uma galáxia. Talvez cerca de 1% ou menos deles tenham conseguido e formarão uma galáxia de braço espiral em cerca de 10 bilhões de anos. Nesta descrição, a galáxia cresceu de acordo menos as perdas de aproximadamente 5%. Esta fase de crescimento pode durar até que ocorra um acidente em algum momento, resultando em

aglomerados de galáxias (como aqueles que já observamos em outras distâncias). Essas galáxias são então 10 vezes maiores que as da nossa Via Láctea. Logicamente, as constelações mais impossíveis são possíveis neste caos de interação teórica.

Nosso Sol sobreviveu bem à sua jornada fatídica; pode-se dizer que todos os sóis que existem hoje procuraram e encontraram uma órbita. Mas nem todos escaparam tão ilesos quanto o nosso sol, caso contrário não existiríamos.

Qual é o estado da galáxia agora, mas depois do primeiro bilhão de anos?

Após a queda do ano 50 para o ano 100 milhões, a massa do SL regrediu rapidamente para uma massa compacta do SL, porque sem esta forte gravidade a galáxia não funciona. Este é o motor para formar uma galáxia de braço espiral a partir de uma pequena nuvem primordial elíptica e quente. (Galáxia Cartwheel) A acreditação é extremamente alta no primeiro bilhão de anos porque muito “lixo” é coletado. Os processos de limpeza da galáxia estão em pleno andamento para rapidamente se tornarem uma galáxia espiral. Dependendo do tamanho, isso leva vários bilhões de anos. Todos os sóis que voaram acima e abaixo da formação posterior do disco foram rapidamente recapturados pelo campo gravitacional extremamente forte nos “pólos sul e norte” da massa SL. Esses sóis chegaram muito perto dos campos magnéticos de entrada e saída da massa SL e foram agregados. Mas estes sóis aproveitados influenciaram o facto de os sóis de hoje terem reduzido a sua velocidade da velocidade anteriormente muito elevada para os actuais cerca de 800.000 km/h. Mais uma razão pela qual não houve diminuição adicional na velocidade de rotação nas galáxias exteriores. (ver energia escura) No processo de desaceleração dos sóis de hoje pela matéria localizada nas galáxias, foram gases de alta densidade provenientes dos processos de fusão nuclear de trilhões de sóis e pequenas partes que se dissolveram e se separaram em um tempo astronômico muito curto. Além disso, existem colisões com forças atrativas e repulsivas que garantem que, após uma corrida tão longa em torno da massa SL, a maior parte dela possa ser moldada pela gravidade na tendência da nebulosa espiral ao longo de vários milhares de milhões de anos. Essa influência vem apenas do campo magnético da massa SL, que interage com a gravidade do sol. Claro, sempre com os neutrinos conosco, para que se crie uma estrutura espiral entre forças bege e dependendo do tamanho do sol. Há uma diferença aqui na transferência gravitacional do Sol para seus planetas. Neste caso existe o efeito dínamo. Com a massa SL para a gravidade do Sol, nenhum efeito dínamo é necessário; este apenas interage com a massa pesada do núcleo do Sol a partir da massa SL. Por esta razão, as velocidades não são comparáveis às do sistema solar.

Existem falácias suficientes aqui que estão dando muita reflexão aos nossos cosmólogos.
As altas temperaturas de mais de bilhões de °C foram resfriadas de forma relativamente rápida para mais de milhões de °C pelos muitos sóis. Isso parece estranho, mas os sóis funcionaram como pequenos dispositivos de ar condicionado durante esse período de tempo. Como produzem temperaturas na casa dos milhões, isto é frio em comparação com temperaturas na casa dos milhares de milhões. Porque a temperatura interna da galáxia vem da colisão entre as duas massas SL devido ao atrito. Com esta massa desconhecida, não é absurdo pensar assim. Logicamente, um sistema solar como o conhecemos pode ser derivado disso. Esta é a minha ideia e pode ser entendida de acordo com a lei da conservação da energia. Talvez vocês, queridos leitores, tenham uma ideia ainda melhor?
No segundo bilhão de anos, esse processo continua a diminuir lentamente para mais de um milhão de °C. Durante esse período, todos os elementos pesados importantes que conhecemos da curva de nuclídeos se fundiram e formaram uma névoa atômica com um diâmetro de aproximadamente 8 a 10 horas-luz. (Aqui o sol no meio) A produção dos elementos pesados exigia temperaturas mais altas do que as geradas internamente pelo sol, isso foi conseguido através do impacto permanente da matéria no sol, assim como a temperatura inicial após a queda. Neste caos inicial, tudo foi influenciado por tudo para criar um sistema solar para os sóis como os conhecemos. Essa matéria deu origem ao mundo atômico e choveu sobre o Sol através das densas nuvens de gás da cobertura protetora do vento solar, com as quais foi lentamente perdendo velocidade, mas atingindo uma temperatura mais elevada para fundir até o fim os elementos pesados. Logicamente, estes elementos pesados permaneceram na região gravitacional do Sol para formar o sistema solar. Na área entre Mercúrio e Marte, os elementos mais pesados e mais distantes, nos planetas gasosos, do cinturão de asteróides em diante, os elementos mais leves. Este jogo de elementos deve ser aceite com o estado agregado e muitas outras variantes de acordo com o quadro das nossas leis físicas, uma vez que estamos no mundo atómico.
Em relação ao processo de formação da nuvem de Oort e à localização local atual, o processo de resfriamento da galáxia interna à taxa de expansão da heliosfera é responsável por um impulso nos pedaços da nuvem de Oort. Hoje, esses pedaços estão localizados a uma distância de aproximadamente 1 a 1,5 anos-luz do Sol. Quando a condensação para formar esta matéria começou, estes pedaços receberam um impulso de expansão de aproximadamente 100-150 metros/h. Este impulso dissipou-se no momento

em que a pressão da alta temperatura na bola de gás atômico solar foi liberada. Até à data, já se passaram cerca de 12 a 14 mil milhões de anos e os pedaços estão localizados a uma distância de cerca de 11 a 13 biliões de quilómetros. Como esses pedaços ainda seguem a velocidade do nosso Sol hoje, eles devem ter estado mais próximos do Sol. Na verdade, isso é uma prova, caso contrário, como eles chegam lá? Por si só, estas quantidades de pedaços não atingem uma velocidade de 800.000 km/h em torno do Sol, mesmo depois de mais de 60 órbitas na Via Láctea. Esta é outra prova lógica da existência do Sol a partir da massa SL.

Agora, talvez no terceiro bilhão de anos, ocorreram as segundas condensações na borda do sino de gás do átomo solar que deu origem ao cinturão de Kuiper. (O Cinturão de Kuiper deve ser visto como a zona fronteiriça entre a Nuvem de Oort e o Cinturão de Kuiper; aqui a Nuvem de Oort se separou e o Cinturão de Kuiper permaneceu porque estava no forte campo gravitacional do Sol.)

Porque aí as temperaturas com a pressão correspondente são, em algum ponto, ideais para isso. Com a expansão e queda de temperatura de fora para dentro, a matéria do Cinturão de Kuiper utilizou então componentes para formar esses pedaços, nesta zona também surgiram os primeiros planetas, Plutão, Éris, etc. do momento da nuvem de Oort e da gravidade do Sol a manteve no lugar através do movimento do efeito dínamo. Este era provavelmente o limite da gravidade solar. Com a gravidade que Plutão tem, a fraqueza da gravidade começa aqui no Cinturão de Kuiper para empurrar todos os pedaços da Nuvem de Oort que estão presentes hoje para a órbita do Sol. Esta matéria, que então se movia no mesmo sentido horário do Sol, foi capaz de se despedir lentamente da nuvem de Oort devido ao impulso na velocidade de escape.

O Cinturão de Kuiper esteve sujeito a condições semelhantes às da Nuvem de Oort, que foi formada a partir do estado agregado correspondente. Não há necessidade de entrar em detalhes aqui.

Com um exemplo em escala da nossa galáxia de 100 mil anos-luz: 1.000 km, nosso sistema solar corresponde hoje a um pequeno grão de bico com diâmetro de 15 mm. No momento da formação do sistema solar, possivelmente 12-13 mm ou talvez até menor. Isso significa que a heliosfera ou o local onde a nuvem de Oort se formou estava a no máximo 6-8 horas-luz de distância. Neste exemplo, a nossa Terra estaria a apenas 0,157 mm de distância do Sol, no centro do grão-de-bico. Neste exemplo você entende claramente que nosso sistema solar só pode ter sido criado pelo Sol, com todos os planetas e mais de 180 luas, bem como trilhões de asteróides até a

nuvem de Oort. Este exemplo é completamente suficiente para fornecer provas.
Este processo de formação planetária será virtualmente idêntico para todos os sóis das galáxias, mas apenas se o Sol tiver sobrevivido aos primeiros mil milhões de anos sem danos. As condições são as mesmas, exceto para pequenas coisas (tamanhos dos sóis, efeitos de interferência de outros sóis, etc.) e sempre levam à formação de planetas. O sol ou as leis da física não têm outra escolha. Isso pode ser chamado de constante sol-planeta.
Se este processo for realizado por todos os sóis existentes durante 7 a 9 mil milhões de anos, em algum momento a trajetória de voo em torno da massa SL será quase livre para muitos sóis. Hoje existe apenas a próxima estrela a uma distância de aproximadamente 43 metros na escala do exemplo na Espanha. (Alpha Centauri) Os sóis que não alcançaram este espaço também não têm planetas semelhantes à Terra onde tais afirmações possam ser feitas. Durante este período de aproximadamente mais de 60 órbitas não destrutivas, o Sol criou o material para os planetas de hoje nesse processo.
As condições estruturais obrigatórias para a formação de planetas com suas luas são a gravidade e o estado físico da matéria em uma estrutura simétrica de distribuição de energia. Sem a chamada mãe gravitacional (aqui o Sol), nenhum planeta pode se formar. Outra consideração significa que nenhum planeta foi ainda localizado fora do campo gravitacional do Sol. Isso solidifica ainda mais minha teoria. Caso contrário, teria que haver muitos planetas girando ao redor para que pelo menos algo soasse positivo para a visão de mundo atual, mas infelizmente esse não é o caso. Outra prova.
Naquela época, dentro de onde hoje se movem nossos planetas, havia apenas nuvens atômicas moleculares quentes ou plasma, que ainda não permitiam que a matéria se ligasse devido ao estado agregado muito quente. Porque o feedback para o ferro sólido passa do plasma expansivo para o gás e depois para o líquido, onde hoje o aço líquido com muitos outros elementos ainda existe nas camadas profundas da Terra.
Então você pode imaginar exatamente os estados agregados dos quais os planetas são feitos hoje. Na área externa está a zona com os planetas gasosos, que também contêm átomos pesados com uma proporção correspondentemente menor no núcleo, porque neste gás há sempre redemoinhos ou, como acontece conosco, o clima, que, por exemplo, fornece compreensão desses fenômenos.
Este processo poderá ocorrer entre os dias 7 e 8. bilhões de anos ocorreram. Como os sóis são feitos de massa SL, a forma de disco da matéria atômica começou muito antes de um planeta ser formado, assim como os anéis de

Saturno hoje. Isso aconteceu em paralelo com a fase de resfriamento. A alta força gravitacional do Sol direciona o gás atômico e a nuvem molecular para a posição correta do parafuso da lente para iniciar a formação do planeta na temperatura apropriada. Isso é sempre baseado na temperatura e na gravidade. Só então apareceram os primeiros sinais de formação planetária, dependendo do estado de agregação dos elementos individuais. Esses processos levam milhões de anos, são incrivelmente lentos, mas seguros. Se o Sol tivesse sido criado a partir de hidrogénio altamente expansivo, como ainda hoje se supõe, todos os elementos pesados já teriam sido condensados sob a lei da conservação da energia e o Sol ainda não teria sido criado. Então você basicamente tem que dizer adeus a essa teoria da formação do sol. Acho que você entende isso agora, mas se não, o livro ainda não acabou. Se você também levar em conta as velocidades do complexo sistema solar entre todos os planetas e suas luas, não há mais necessidade de discutir isso.
Agora, a partir do 5º bilhão de anos, o espaço galáctico está lentamente se tornando transparente e você pode ver estrelas em nuvens de gás, o que leva à conclusão de que os sóis foram criados a partir dessas nuvens, esse conhecimento leva a uma falácia adicional e não pode acontecer de acordo com a física. leis. Não só a extrema proximidade dos planetas corresponde à minha teoria, mas a velocidade do sistema solar compacto também é clara. É claro que, com tantos movimentos, há sempre situações extraordinárias que levam a constelações imaginativas de uma grande variedade de fenómenos. Para isso também contribui o material da massa SL, que foi comprimido de forma diferente da massa total, pois pode ser que tenha se rompido um sol da casca externa (com densidade média de 1015kg/cm^3) ou um pedaço de matéria da o interior profundo (com densidade média de 1018kg/cm^3 ou mais). Este seria então o estado de Q1. Isto é apenas para despertar e satisfazer a compreensão. Para pensar em um exemplo de vez em quando, de repente você não pode descartar completamente um pouco mais de densidade. Talvez isso também se deva às diferentes intensidades de radiação solar: quanto mais densa a massa SL, mais brilhante é o sol. Assim como acontece com a madeira na Terra, existem diferentes compressões durante a fotossíntese dependendo do tipo de madeira. É por isso que a madeira fica dura ou macia de maneira diferente devido à compressão da síntese. Ainda existem alguns obstáculos a serem superados na pesquisa, acredito que minha iniciativa está fazendo a diferença.
Nos 6º e 7º bilhões de anos, o Sol transferiu sua velocidade de mais de 800.000 km/h com a formação dos planetas, sua rotação e a transferência do momento angular dessas forças para a nuvem de gás e formação dos planetas.

(ver rotação e momento angular dos planetas) As luas de todos os planetas nunca devem ser esquecidas; não houve colisões aqui. Tudo foi então desenvolvido de acordo com a perfeição, o projeto da natureza ou a constante do sistema solar. Mais de 180 luas não podem se formar por meio de colisões. Isso seria pura bobagem. Planetas com formações lunares são desenvolvimentos síncronos de acordo com o princípio da probabilidade. O cinturão de asteróides entre Marte e Júpiter também é típico de sua formação.Entre muito gás e outros elementos pesados, como acontece com os 4 planetas internos, um planeta não poderia se formar devido a processos de condensação talvez muito rápidos devido a uma alta proporção de gás; as condições adequadas para o processo de um estado agregado necessário não foram atendidas aqui. Havia uma área cinzenta de decisão aqui. Porque muitos gases se repelem em vez de se combinarem. Talvez haja outra teoria? O que você quer dizer?

Então, finalmente, no ano 8 bilhões, a Terra e a Lua foram formadas a partir de ferro líquido. Ela ferveu e a escória se formou lentamente, assim como hoje, quando um vulcão entra em erupção. A lua é feita do mesmo material e foi formada ao mesmo tempo que a terra. Devido à sua menor massa e à falta de proteção da atmosfera, infelizmente já esfriou hoje. Os outros planetas conhecidos hoje também foram todos formados e iniciaram sua evolução até hoje. Em algum momento durante esse período, podemos agora determinar a idade da nossa Terra através do decaimento isotópico. Durante este tempo, o magma líquido solidificou-se e a terra foi comprovadamente formada. Ficou na incubadora por mais de 8 bilhões de anos e depois nasceu através do resfriamento. Desenvolvido pelo sol e depois nascido, foi transplantado para todas as áreas da vida como uma estrutura genética na Terra. Se eu assumir filosoficamente que a família de Quark ainda pode dar aos últimos membros da família liberdade de identidade. Eu sinto que há algo mais lá. Temos de esperar e ver se os neutrinos nos trarão um paraíso na Terra para que as alterações climáticas possam finalmente ser derrotadas no futuro e os níveis de CO_2 comecem lentamente a diminuir. Com base no meu conhecimento atual, serão necessários cerca de 180 anos ou até mais até que toda a energia primária para todas as pessoas seja convertida em energia renovável e, depois, o mesmo período de tempo a um nível elevado com energia renovável para substituir o CO_2 que emitimos do ar e da água do mar, a fim de recuperar uma atmosfera saudável e promover a desacidificação dos mares. Para fazer isso, precisamos de mais energia do que a liberada anos atrás, porque lá também não existe uma máquina de movimento perpétuo. Porque não há outro planeta além da nossa Terra para viver. Muito menos poder viajar para outro. Antes de voar para Marte ou para a Lua, você deve primeiro limpar a Terra. Por esta razão, devemos cuidar da nossa terra e não ser tão descuidados com ela.

16.) Rotação e momento angular dos planetas.

A partir do momento em que foi liberado da massa SL, ou seja, o Sol foi ejetado pela colisão das duas massas SL, o Sol também adquiriu um momento angular, que foi naturalmente influenciado por várias dimensões na longa jornada até o vôo intacto, mas nunca parou completamente. Por que? Há sempre uma probabilidade de 1:1 bilhão de que um sistema solar como o nosso se desenvolva.
Desde o início, quando não havia nada em torno do núcleo do Sol, este ficou envolto e preso num ambiente excessivamente quente, mas expandiu lentamente a sua crescente nuvem de gás eólica solar com os seus elementos atómicos. Também podemos dizer que ela ainda não se vestiu e, portanto, ainda estava sem roupa, que é como interpretamos as diferentes camadas ao redor do sol. Expandiu-se porque a sua pressão aumentou em comparação com a pressão do ambiente mais quente. Portanto, foi capaz de se desenvolver como se estivesse em uma concha protetora. Pode ser comparado ao crescimento de um óvulo humano em um feto. Os primeiros 5 meses são os primeiros 5 mil milhões de anos e a camada protetora quente que hoje constitui os pedaços da Nuvem de Oort seria o útero.
Esta camada de nuvens de gás e matéria, que se formou ao longo de milhares de milhões de anos, tem o mesmo momento angular desde o início. Que basicamente cresce com o tempo e gira de acordo com a rotação do sol. Porém, à medida que a distância aumenta, as camadas externas perdem velocidade porque à medida que a força gravitacional diminui devido ao aumento da distância, não é necessário manter a alta velocidade. Este fenômeno da velocidade orbital deve ser calculado em relação à massa e à densidade da massa. Isto mostra exatamente como todos os planetas obedeceram a esta lei da gravidade. (Este é apenas um rápido lembrete sobre a velocidade orbital dos sóis em torno do SL). É aqui que está enterrada a falácia da energia escura, que a nossa ciência ainda não descobriu.

A calibração exata aumenta com o aumento da massa nos princípios gravitacionais, sendo as leis de Newton a razão para isso. Ao formar planetas, também devem ser levadas em consideração as influências na densidade da matéria para desaceleração através da calibração. Como Vênus gira no sentido anti-horário, o sentido de rotação permanece o mesmo. Aqui, qualquer coisa possível poderia ter resultado das condições climáticas do sistema solar no vórtice que se formou. A probabilidade de tantos processos complexos estimula a imaginação para cumprir o plano de viabilidade, aconteça o que acontecer, há sóis suficientes para realizá-lo. Tais perturbações também podem ser a causa da inclinação axial de Urano. Com esta mistura gigantesca de caos e clima teórico, é preciso ver como se aqui no nosso planeta o bater das asas de um falcão em Marrocos levasse a um furacão nas Caraíbas.

17.) Gravidade, ou melhor, magnetismo de eletrogravidade.

Para mim, a interação mais importante na formação de tal sistema solar é a velocidade que o corpo solar ajustou. Aqui reside o segredo da gravidade em geral. O sol se cerca de linhas de campo eletromagnético de seu núcleo, que interferem nas linhas de massa SL, mas ao mesmo tempo essas ondas cortam os corpos de massa dos planetas. Ao cruzar as linhas de campo, a neutralidade é cancelada e o atração ocorre gravidade no planeta. Há uma lógica aqui: quanto mais massa e mais densa a massa, corresponde à intersecção da linha de campo e, portanto, à criação de atração em um corpo, que é então medida em Tesla. Aqui, a quantidade de elétrons em um planeta leva automaticamente à gravidade desse planeta em relação à velocidade orbital. Isto também corresponde à inseparabilidade entre as duas forças fundamentais do eletromagnetismo e da gravidade. Estas duas forças não podem ser vistas separadamente. Você tem que ver isso como uma laranja. A metade superior e a metade inferior cresceram juntas e não podem ser vistas separadamente. Há um erro na interpretação humana aqui. É claro que a gravidade, a gravitação e o eletromagnetismo podem ser usados de forma diferente na linguagem cotidiana, mas a origem é o eletromagnetismo. É por isso que o peso do nosso corpo na Lua é muito menor do que na Terra. Aqui a Lua tem a mesma velocidade que a Terra, mas tem menos massa e o núcleo, feito de aço proporcional, também é menor, daí a sua menor gravidade. Portanto, é o mesmo processo de cálculo para todos os planetas. A mentira branca do Sr. Albert Einstein sobre sua curvatura espaço-tempo foi completamente descartada pela teoria quântica. Como a gravidade só pode ser vista inicialmente como matéria escura da massa SL, a gravidade só existe através do eletromagnetismo. Como não existe gráviton e não existirá e não será encontrado no futuro, o efeito da gravidade só pode advir disso. As ondas gravitacionais têm alcance de mais de um milhão de anos-luz. Como funcionaria com um gráviton? Neste momento da existência da matéria escura, não há liberação de energia por nenhuma outra espécie que exista nas partículas elementares.

O lento acúmulo de massa crescente (onde ainda não existe um planeta que possa causar a curvatura do espaço-tempo, a gravidade já está lá, na verdade tem que estar lá), de que outra forma ele deveria interagir sem o eletromagnetismo? Como se pode acomodar uma curvatura do espaço-tempo do Sr. Einstein aqui, assim como os anéis dos planetas gasosos, é tão absurdo pensar na curvatura do espaço-tempo, antes de ocorrer a condensação ou colapso, esta matéria já estava presente no gás forma, e isso por gravidade. Se você observar limalhas de ferro muito finas e colocá-las em torno de um ímã, terá a prova. O impulso fora da gravidade do Sol devido à pressão do gás do vento solar que levou à formação da Nuvem de Oort é tão fascinante que neste ponto você pode ver a linha divisória entre a gravidade e a formação do disco. Não consigo imaginar um sistema solar se formando de outra forma. Todas as teorias sobre a formação do Sol e dos planetas que circulam atualmente não são compreensíveis nem têm pé ou base. Pertence à caixa de ilusões que fica na câmara da ficção científica.

Ouvi recentemente num documentário: Júpiter passou da órbita interna para a órbita externa em que se encontra atualmente, dizendo que algo assim beira o crime. Você sabe que tipo de energia é necessária para tal implementação? Seria o mesmo se eu dissesse que a Terra reduziu a sua velocidade de 100.000 km/h para 50.000 km/h e, ao mesmo tempo, avançou para a órbita de Marte. Com esse exemplo, você pode ver exatamente como o sol, com sua gravidade e seus elementos, guiou tudo para a posição correta desde o início.

Expansão do espaço?

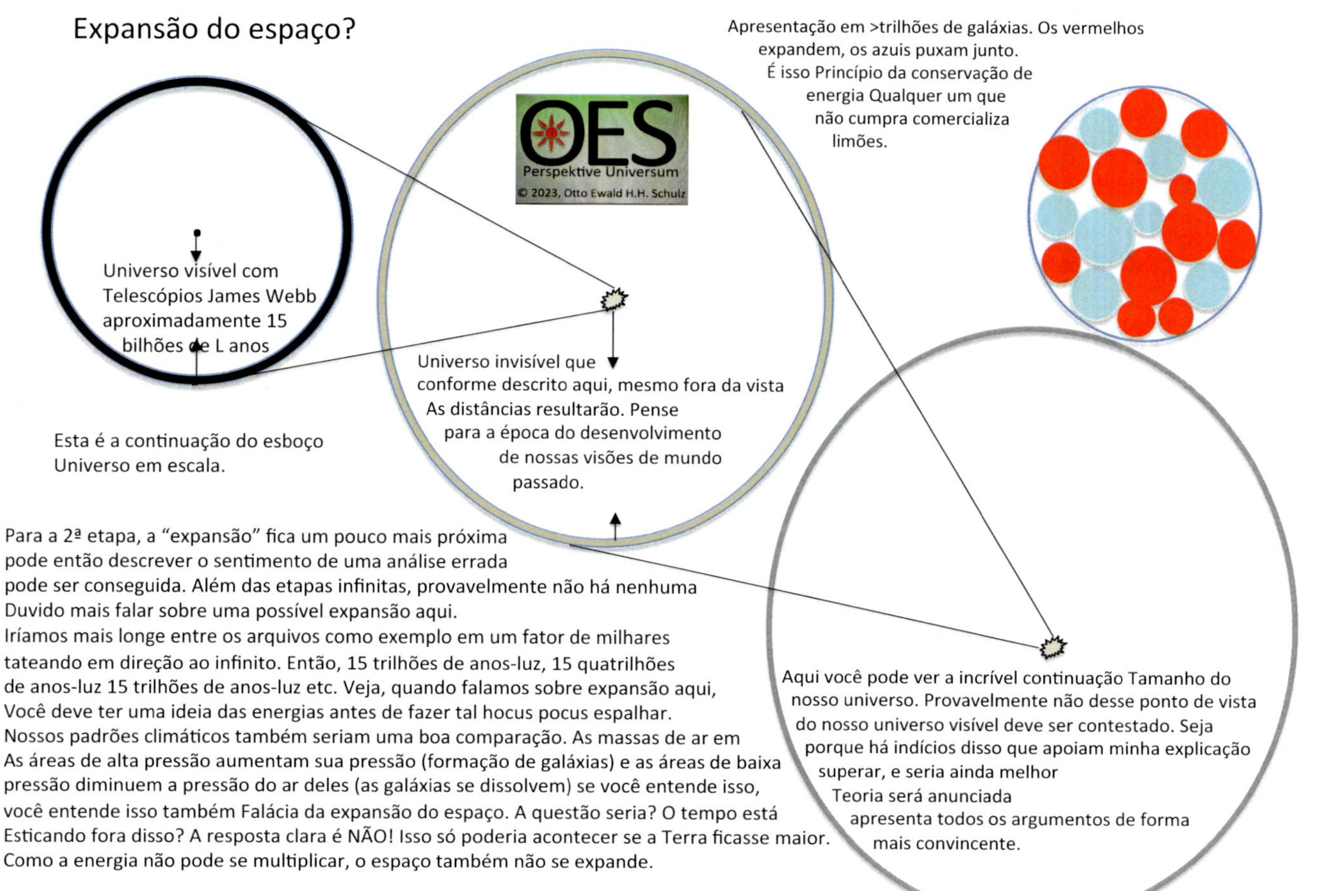

Para a 2ª etapa, a "expansão" fica um pouco mais próxima pode então descrever o sentimento de uma análise errada pode ser conseguida. Além das etapas infinitas, provavelmente não há nenhuma Duvido mais falar sobre uma possível expansão aqui.
Iríamos mais longe entre os arquivos como exemplo em um fator de milhares tateando em direção ao infinito. Então, 15 trilhões de anos-luz, 15 quatrilhões de anos-luz 15 trilhões de anos-luz etc. Veja, quando falamos sobre expansão aqui, Você deve ter uma ideia das energias antes de fazer tal hocus pocus espalhar.
Nossos padrões climáticos também seriam uma boa comparação. As massas de ar em As áreas de alta pressão aumentam sua pressão (formação de galáxias) e as áreas de baixa pressão diminuem a pressão do ar deles (as galáxias se dissolvem) se você entende isso, você entende isso também Falácia da expansão do espaço. A questão seria? O tempo está Esticando fora disso? A resposta clara é NÃO! Isso só poderia acontecer se a Terra ficasse maior.
Como a energia não pode se multiplicar, o espaço também não se expande.

Esboço: 6 Expansão Espacial.

18.) Desenvolvimento de energia primária no sol.

A matéria no núcleo do Sol, que não conhecemos, está comprimida. Isso aconteceu na torcida do SL. Não há outra explicação possível para isso. De onde mais viria a energia liberada no Sol ao longo de bilhões de anos? Somente a partir das energias de ligação da gravidade, assim como acontece de várias maneiras na Terra, apenas com uma concentração um trilhão de vezes maior.
As conchas atômicas não são mais como eram e como as conhecemos. Como resultado da compressão, todos os elétrons são separados dos prótons e nêutrons, todos os elétrons são liberados e desenvolvem eletromagnetismo de enormes proporções. Neste momento as 4 forças básicas estão unidas num material desconhecido. Após a colisão de 2 massas SL, os sóis são expulsos da pequena galáxia Big Bang da massa SL; o processo de fusão nuclear do material comprimido começa imediatamente, apenas através da dissolução da alta gravidade da massa SL. (A formação do planeta ou coroa solar com as soluções de energia de ligação começa aqui assim que um pedaço se rompe) (A queda desenvolve uma temperatura de mais de um bilhão de °C no primeiro bilhão de anos). É liberado de material desconhecido, que essencialmente vem apenas da família Quark. Prótons e nêutrons combinam-se com elétrons para formar camadas atômicas com uma estrutura de diferentes elementos. Essa interação é mais forte do que qualquer fusão que ocorra depois dela. Este é o ponto da energia primária do sol. Essa energia liberada aqui é responsável pelas próximas gerações da tabela periódica, que criam nosso sistema solar por meio da fusão nuclear. Sem esta energia, não poderá ocorrer mais fusão nuclear. Devido à alta compressão, o Sol tem mais de 20 bilhões de anos de energia para se fundir. Dependendo do tamanho, ainda mais.
É aqui que começa o processo para que um mundo atômico como o nosso se desenvolva a partir de uma família de quarks comprimida das 4 forças básicas combinadas.
No experimento em nossa Terra no reator de fusão nuclear, essas são as energias que levam ao aquecimento do plasma e então é forçada uma fusão nuclear de hidrogênio em hélio. Isto significa que existe sempre apenas um motor artificial de fusão nuclear, mas nenhum reator de fusão nuclear com o qual a energia possa ser gerada. No final, quando tomado, deve ser superior a Q10 ou mais. Estas ainda são ilusões que infelizmente não funcionam e que serão compreendidas em algum momento. Até poucos anos atrás, até mesmo

os escritórios de patentes ainda aceitavam projetos de movimento perpétuo. Graças a Deus isso já foi resolvido. Agora só falta o reator de fusão nuclear. Da Vinci também tentou e falhou miseravelmente por causa de sua superinteligência.

19.) Matéria Escura.

A origem da energia solar é rastreada ou traçada, seja para trás ou para frente, em ambos os casos deve chegar ao mesmo ponto de "produção de energia". Se não fosse assim, o universo teria se transformado em algo escuro e frio em algum momento, ou teria acontecido há muito tempo e teria morrido há muito tempo. Esse não é o caso!
Nossos telescópios espaciais nos mostram os diferentes ciclos de vida de todas as galáxias. Quer sejam quasares, blazares, galáxias de rádio ou galáxias elípticas, estas tornar-se-ão mais tarde galáxias de braços espirais; estão apenas na fase inicial ou, como muitas outras, na fase final. Não podemos observá-lo porque não vivemos milhões de anos. Rapidamente fica claro que a versão atual da formação estelar é pura fantasia, incluindo a teoria do Big Bang, porque se tudo começasse ao mesmo tempo, não existiriam galáxias diferentes e quando o Sol se formasse, todos os sóis não seriam maiores que nosso, mas, ao contrário, existem milhões de sóis maiores que o nosso, nem tudo bate certo! As contradições acumulam-se e muitas questões permanecem sem resposta. Deve haver algo errado aqui.
A matéria escura ajuda um pouco mais nessa argumentação diferente de diferentes possibilidades de origem.
Isto também é discutido em outras seções deste livro, mas não diretamente sobre a matéria escura. A matéria escura é muito fácil de entender, é simples porque é uma massa SL quase totalmente credenciada. Somente no último momento (que pode durar milhões de anos) são observados alguns sóis orbitando em torno de algo que não pode ser visto porque é uma massa SL. (Tamanho de talvez 1 dia-luz de diâmetro a 1/2 ano-luz ou até maior) Assim como muitas antigas galáxias estão se despedindo, apenas massas SL (matéria escura) estão no universo. O que você nem consegue ver, eles apenas têm a gravidade de se identificarem e depois se conhecerem. Esta é a única conclusão lógica dos exemplos de observação. Não há mais nada a dizer sobre a matéria escura, é muito simples e fácil. No entanto, se você insiste no Big

Bang ou no Big Bang para todo o universo e pensa que todas as galáxias se desenvolveram a partir de uma nuvem primordial quente, então você tem que deixar as pessoas acreditarem nisso. Até as estruturas das galáxias se desenvolveram, será que tudo poderia ter sido criado num só momento? Estes são vestígios de tempos recentes, numa janela de tempo de um bilião ou mais. É sempre apenas uma questão de tempo até que todos percebam que a nossa atual visão do mundo precisa ser oficialmente revista. Na minha versão, nenhuma pergunta sem resposta permanece sem resposta, pelo menos no que é visível no cosmos.

20.) Energia Escura.

O termo energia escura também se baseia em um erro de cálculo do princípio funcional da velocidade de rotação de uma galáxia, semelhante a como em nosso mundo atômico, onde as leis de Newton são decisivas, uma cópia foi feita aqui do sistema solar para o sistema galáctico. . O sistema solar está sujeito às leis de Newton e também à ART, exceto o próprio Sol. Porque aqui foi criado um pequeno mundo atômico. A galáxia está pré-programada para entrar ou se dissolver (acreditação). Isso não funciona de acordo com a lei de Newton. A ancoragem do cálculo do erro começa com a teoria do Big Bang, o que significa que a formação do Sol também está sujeita a uma análise científica do erro com poeira estelar e nuvens de gás. Aqui deveríamos esperar algo bem fundamentado da astronomia. Se tais princípios fundamentais forem ensinados incorretamente, o cérebro, em algum momento, bloqueará completamente. Você pode ver onde a cosmologia terminou apenas em contradições. 60-70% de energia escura, completamente absurdo! É "visível". Todos nós vemos galáxias.
Entre o movimento do sistema solar e o movimento da galáxia com seus planetas e sóis associados (também pequenas massas SL) existem dois desenvolvimentos diferentes devido aos diferentes materiais. Ambos os sistemas se desenvolveram de forma fundamentalmente diferente. Em primeiro lugar, o mundo atómico tal como o conhecemos é importante, caso contrário não seríamos capazes de viver. (planetas do sistema solar) e por outro lado o mundo da família nucleon ou quark, que está localizado em núcleos solares e massas SL, (este é o mundo da gravidade quântica com as 4 forças fundamentais como uma energia simétrica) em que o a energia de

ligação das camadas atômicas é comprimida e como ela foi armazenada em uma bateria como energia de ligação e através da qual todos os elétrons são então liberados, o que leva a um campo magnético incrivelmente forte, que é a base da gravidade.

Grosso modo, podemos dizer que no sistema solar a massa comprimida do Sol está diminuindo e as massas dos planetas estão aumentando, mas predominantemente diminuindo. Os planetas afastam-se do Sol vários cm todos os anos, e só a nossa Lua afasta-se da Terra cerca de 4 cm por ano. Isto se deve principalmente ao fato de o Sol perder uma quantidade incrível de massa de seu núcleo, o que resulta em uma redução da gravidade. Já a velocidade orbital não está sujeita a ajuste síncrono. Quem deveria desacelerar os planetas também? Embora no Galaxy CV funcione exatamente ao contrário. Aqui a massa é credenciada no SL, então a gravidade está ficando cada vez mais forte e a massa dos sóis e tudo o que os acompanha (exceto as massas do SL na órbita de uma galáxia) estão perdendo massa e se tornando cada vez mais fracas (sem massa) em termos de sua gravidade. Portanto, toda a matéria de uma galáxia é lentamente puxada de volta para a massa SL. Todos os átomos da fusão nuclear solar migram de volta para o SL através da estação intermediária dos planetas. Existimos em uma dessas sequências de tempo. Como já foi mencionado na seção de formação do sistema solar, todos os sóis receberam um impulso, pois o sol tem uma morte oposta à da galáxia, que não morre de forma alguma, mas apenas permite que o processo galáctico recomece continuamente a partir do No início, estes aplicam altas velocidades orbitais ainda são relativamente lentos. Mesmo as altas velocidades orbitais internas do Sol não são suficientes para não ser credenciado aqui. Através dos neutrinos, os sóis exteriores empurram os sóis interiores em direcção à massa SL, como num redemoinho.

Isto permite que as galáxias formem braços espirais lindamente devido à gravidade da massa SL e ao efeito de repulsão causado pelos neutrinos do Sol. Este é o ciclo de vida de uma galáxia e é governado por forças magnéticas. Se não fosse esse o caso, depois de um certo tempo todos os sóis teriam esgotado o seu combustível nuclear e o universo consistiria apenas de massa SL, ou seja, estaria vazio, morto, não existiriam mais sóis. Se você se fizer essa pergunta, saberá que cada galáxia cria seu próprio ritmo de vida independente nos sistemas solares.

Interpretação alterada da energia escura.

Os sóis, que só conseguiram integrar-se na nossa Via Láctea há cerca de 4 a 5 mil milhões de anos, foram eliminados há muito tempo. Essa foi a maior proporção dos pedaços solares. Porém, sempre há sóis que se movem em todas as direções possíveis, muito provavelmente vêm de outras galáxias, não há outras explicações para isso. Bilhões de sóis também foram enviados da nossa própria galáxia para as galáxias vizinhas. Os sóis que eram muito rápidos foram expulsos e estão localizados com outras galáxias anãs fora da nossa Via Láctea, e aqueles que eram muito lentos foram há muito puxados para o interior da massa do SL para serem absorvidos de forma relativamente rápida porque não cumpriam as leis. das constantes das galáxias e dos outros sóis não deveria ser fatal. Comparativamente semelhante à neblina solar do vento do sol, que é atraído para a terra através das luzes do norte. A formação de braços espirais mostra quão forte a gravidade da massa SL atua sobre a massa orbital do Sol, porque muito acima e muito abaixo dos braços espirais, que têm a forma de um disco de lente, nenhum sol pode se formar durante vários bilhões de anos. em órbita. (O exemplo da aurora boreal se aplica aqui) As colisões entre sóis nem sempre podem ser evitadas com tal probabilidade de colisão. Isso leva às mais diversas nebulosas da galáxia. Porque este material comprimido da massa SL certamente tem um estado de agregação diferente em tamanhos diferentes do que a matéria da massa atômica que conhecemos.

Como os sóis e a massa do SL consistem na mesma matéria comprimida, existem forças de atração correspondentemente mais fortes na massa do SL do que no sistema solar. É por isso que as velocidades de rotação dos sóis mais distantes não diminuem, porque foram criadas pela colisão, e não por moléculas atómicas e pela gravidade, como no sistema solar. No entanto, esta não é a principal razão para a esperada diminuição da velocidade dos sóis exteriores da galáxia, que os cientistas conceberam para então inventar uma energia escura esperada para resolver o problema de uma galáxia que não se expande. As velocidades contínuas na área externa de uma galáxia são mais prováveis devido ao momento inicial na galáxia Big Bang Crash.

(Veja formação de galáxias).

Durante a formação do sistema solar, não há impulso neste sentido para os planetas, mas sim a nuvem de mistura gasosa foi gradualmente construída pelo Sol ao longo de vários bilhões de anos, que então esfriou de fora para dentro em diferentes condições físicas correspondentes. estado distâncias planetas e suas luas. Aqui existe uma velocidade em relação à distância de acordo com a massa. O cinturão de asteróides e o cinturão de Kuiper também são típicos por causa do gás presente (a partir do qual os planetas gasosos foram formados principalmente) no momento da fase crítica de resfriamento ou condensação. Assim como os anéis gasosos dos planetas (muito bonitos em Saturno), em determinado momento foram também os diferentes anéis

gasosos e de matéria do Sol a partir dos quais nossos planetas foram formados. O desenvolvimento da nuvem de Oort, que também faz parte do sistema solar, foi formado a partir das rochas de gás de escória que se formaram na borda do sistema solar (heliosfera) através das primeiras condensações, mas que originalmente surgiram muito mais perto do sistema solar. do que onde a nuvem de Oort pode ser encontrada hoje.
Isto também pode ser identificado como uma cobertura protetora para o sistema solar e pertence à constante do sistema solar como uma proteção independente. De forma exagerada, gostaria de descrever a nuvem de Oort neste momento como uma casca de ovo redonda, que se expandiu para cerca de um pouco mais de 1-1,5 LJ devido à pressão do vento solar e ao lento arrefecimento da temperatura ambiente do espaço. (Impulso da pressão solar, veja nuvem de Oort)
Portanto, pode-se dizer com a consciência tranquila que a energia escura é pura ficção e não existe. Pelo que? Eles estão procurando por algo que deveria existir devido a vários diagnósticos errados? Não há lógica nisso, nem quaisquer corpos celestes nem qualquer tipo invisível de influência na galáxia podem ser imaginados ali. Não faz sentido na minha teoria, apenas na formação científica aceita do espaço, que está repleta de erros. Gostaria de listar alguns deles de forma explicativa.
De acordo com a teoria do Big Bang, apenas o gás muito quente continha 99% de hidrogênio. O gás mais expansivo e a temperaturas tão elevadas, teria de haver pressões de vários biliões de BAR para que algo colapsasse aqui. Presumimos que entrou em colapso, o que é completamente improvável. Ao mesmo tempo, esse sol inicial, que ainda é muito pequeno e está ficando cada vez maior, deve ter atingido uma velocidade que ainda hoje é de 800 mil km/h. De onde deveria vir essa energia? Não pode impulsionar-se a partir de uma nuvem de gás. Quem deveria exercer esse impulso sobre o incipiente corpo solar? De onde deveria vir a energia que leva ao colapso? É apenas gás quente no espaço para esta criação, ainda não existe gravidade, ou existe? De onde ela deveria vir? Da curvatura do espaço-tempo, onde ainda não existem planetas? Nem a fusão nuclear, porque o Sol está apenas em formação (digamos 10 metros de espessura ou menos) e isto está a acontecer em todo o lado mais ou menos ao mesmo tempo? Ou já existem massas SL? Como isso deveria ter acontecido? Quanto maior fica o sol, mais energia ele precisa para atingir a velocidade da órbita das galáxias, aah esqueci, esse sol se desenvolveu depois, a massa SL já existia antes, mas existe o mesmo problema de velocidade, a massa SL tem um velocidade superior a 1 milhão de km/h. Como isso deve se encaixar? Ou de acordo com o lema, de alguma

forma funcionou assim. Vamos fechar os olhos e pensar nas condições gerais. A lei da conservação da energia ainda não existia aqui na Terra naquela época. Mas então, em algum momento, nosso Sol de alguma forma atingiu um tamanho de cerca de 1,1 milhão de km de diâmetro. Infelizmente, não posso dizer de onde ele tirou essa velocidade, minha cabeça dói se eu tivesse que pensar em algo sobre isso. Fica ainda pior quando penso no fato de que um sistema solar altamente complicado viaja com o Sol nesta velocidade atual. Mas espere, o sol ainda não terminou, agora está prestes a entrar em ignição para a fusão nuclear. Agora, pouco antes de entrar em ignição, ainda está absorvendo massa. Vou simplificar, mas isso significa que nenhum planeta poderia se formar, porque o Sol certamente absorveu todo o material (havia apenas hidrogênio?). Agora, finalmente, pouco antes de atingir quase 1,2 milhões de km de diâmetro, estará a sua fusão nuclear a iniciar-se? Ou mais tarde? Logicamente, porém, ainda não possui um sistema solar com todos os planetas e luas, o cinturão de asteróides, o cinturão de Kuiper e a nuvem de Oort. De onde supostamente vêm todos esses diferentes trilhões de partes e se instalam aqui ao redor do Sol a 800.000 km/h? Sem comentários, continua com o tamanho do Sol, se ele acende com 1,2 milhão de km de diâmetro, por que milhões de sóis muito maiores só acendem na 4ª, 10ª ou 100ª massa solar? Porque uma vez iniciada a fusão nuclear, cada sol perde milhões de toneladas/segundo de massa. Só posso dizer uma coisa sobre isto; muito inteligente também é estúpido.
Ou vocês, queridos leitores, entendem isso? Existem simplesmente muitas contradições ilógicas para quem nunca ouviu falar da lei da conservação da energia. Isso é chamado de astrofísica? Sinto pena de mim mesmo por dizer algo assim. A realidade é implacável e sempre dolorosa.
Portanto, qualquer pessoa que invente algo assim deve ter uma imaginação incrível. Nesta base, surgem todas as questões insolúveis, como a energia escura, a matéria escura, a formação do sistema solar a partir da poeira estelar, os buracos negros onde a luz não pode sair. Todas as outras questões insolúveis são lançadas num beco sem saída.

Aqui está outra versão com estrutura semelhante para obter uma boa compreensão da energia escura.
A energia escura existe, mas não deveria ser chamada assim. Nada mais é do que a emissão de neutrinos do decaimento beta nos sóis. Se esse fenômeno não existisse, uma galáxia não seria capaz de se formar da maneira que podemos observar aos bilhões no universo. Da mesma forma, esta emissão de neutrinos também é o pólo oposto e pode, portanto, ser vista como uma

força antigravitacional. Porém, de forma inteligente pelo universo, a natureza só existe no caso de galáxias funcionais. Portanto, há uma razão pela qual você deve pensar logicamente, como estou descrevendo aqui. O que exatamente está por trás disso e como pode ser definido o segredo desta energia escura? Sabemos que as forças gravitacionais atraem matéria (sóis, planetas e matéria escura) através da qual a gravidade interage. No entanto, este fenómeno de energia escura relaciona-se principalmente com os sóis, para que possam realizar o seu curso de vida sem danos durante muito tempo (muitas revoluções na Galáxia). Se esta antigravidade não estivesse presente através dos neutrinos, os sóis se atrairiam e a vida nunca chegaria ao sistema solar. Este processo levaria automaticamente à autodestruição. Um exemplo torna isto ainda mais claro: imaginamos vários sóis numa órbita lado a lado em torno do centro da Galáxia. Todos têm velocidades ligeiramente diferentes, com pouca diferença de distância entre si. Após 2-4 órbitas, no máximo (500-1000 milhões de anos), esses sóis teriam se conectado entre si. Porém, devido aos neutrinos, eles se repelem, mantêm distância e se ajustam à distância apropriada das forças gravitacionais e da força contrária dos neutrinos. Isso significa: se a estrela 1 está a 4 anos-luz de distância da estrela 2 e a estrela 3 está a 6 anos-luz de distância da estrela 2 (todas as 3 estão próximas uma da outra em uma fileira), então a estrela 2 está a uma distância de 5 anos-luz cada. para 1 e a estrela 2 para 3 também está a 5 anos-luz de distância. Isso empurra a Star 2 para uma distância ideal. Isto mostra que um sistema de controle foi formado, o que confunde a nossa ciência. Estas medições resultam então no cálculo de que o universo está em expansão, mais uma vez enganando a ciência. Esta teoria também mostra que os sóis não podem consistir em matéria clássica (ou seja, matéria atômica). Se o núcleo dos sóis consistisse em hidrogénio e hélio, os neutrinos não seriam capazes de atingir este efeito; eles simplesmente voariam através dele, como fazemos na Terra, e portanto não seriam capazes de produzir um impulso energético nos sóis. Esta é mais uma prova de que todos os sóis são feitos de matéria quântica comprimida, que originalmente explodiu em triliões de pequenos sóis através da colisão de duas bolas monstruosas de matéria escura e depois formou uma nova galáxia ao longo de milhares de milhões de anos. Esta formação também surgiu da energia escura (neutrinos) através de probabilidades técnicas caóticas, mas com o conceito planejado de natureza espacial. Existem vários requisitos aqui para garantir uma vida como na Terra no destino. (Isso em outros capítulos)

A energia escura também é uma falácia trágica de que, segundo cálculos matemáticos, o espaço está se expandindo, o que graças a Deus não é verdade. Os Prêmios Nobel foram até concedidos aqui, de acordo com alguns cálculos. Que desastre, estou apenas dizendo.
Além disso, você também deve levar em consideração o seguinte: Como a matéria que podemos observar no universo (ou seja, não nos planetas do sistema solar) está sujeita a uma hierarquia completamente diferente daquela do nosso sistema solar, (o que também leva a várias falácias) É por isso que temos de adaptar as nossas considerações em conformidade. Mas isto só é possível se nós, humanos (ou ciência), aceitarmos que os nossos sóis não são feitos de hidrogénio e hélio, etc., caso contrário será novamente um beco sem saída.
Os números atômicos da matéria devem, portanto, ser reorganizados. A reivindicação atual é de cerca de 68% de energia escura, 27% de matéria escura e 5% de matéria visível. Isso nunca poderá realmente existir.
Nessa distribuição da matéria que precisa ser reorganizada, há uma composição completamente diferente, que ao mesmo tempo joga pela janela todo esse truque inventado. De acordo com a minha estimativa, a matéria visível (incluindo a energia escura) representa cerca de 60-70% e a matéria escura representa 30-40%. Aqui você também poderia dizer 50 a 50%, isso também é bem possível. Quando se trata de matéria visível, também é preciso levar em conta todos os sistemas solares e cada molécula que está circulando em algum lugar.
Do meu ponto de vista, a energia escura se transforma em visível, porque esta energia escura ainda não identificada provém da energia solar visível. A matéria escura não tem nada a ver com esta energia escura; ela não pode surgir ou ocorrer a partir da matéria escura porque não há decaimentos beta que levem à radiação de neutrinos. A propósito, esse é o truque incrível. Isso também seria paradoxal em relação ao modo como a matéria escura funciona, porque só funciona fabulosamente se não houver força antigravitacional para que a matéria escura possa encontrar-se novamente através de um acidente para que tudo possa começar de novo. Outra prova são os mais de mil milhões de galáxias que raramente são forçadas a fundir-se. Se esta força antigravitacional dos neutrinos não existisse, a gravidade seria a única

coisa que existiria na unificação contínua das galáxias. Isso explica a energia escura. Assim, ao longo de um período de tempo astronômico, uma bola de massa cada vez mais espessa se formaria e em algum momento haveria apenas uma massa SL espessa que seria então incapaz de encontrar qualquer outra porque estava sozinha. Então conclusão: tem que funcionar assim, caso contrário você poderia realmente chamar os neutrinos de fantasmas. O que, novamente, eles realmente não são.

O Universo de Perspectiva da Fórmula
revela a visão de mundo para o universo visível.

Anti-gravidade entre ambas as massas SL pelo impulso mútuo de neutrinos.

Neutrinos de energia escura
Função Galaxy explicada de forma simples

Gravidade entre ambas as massas SL isso faz com que eles se atraiam.

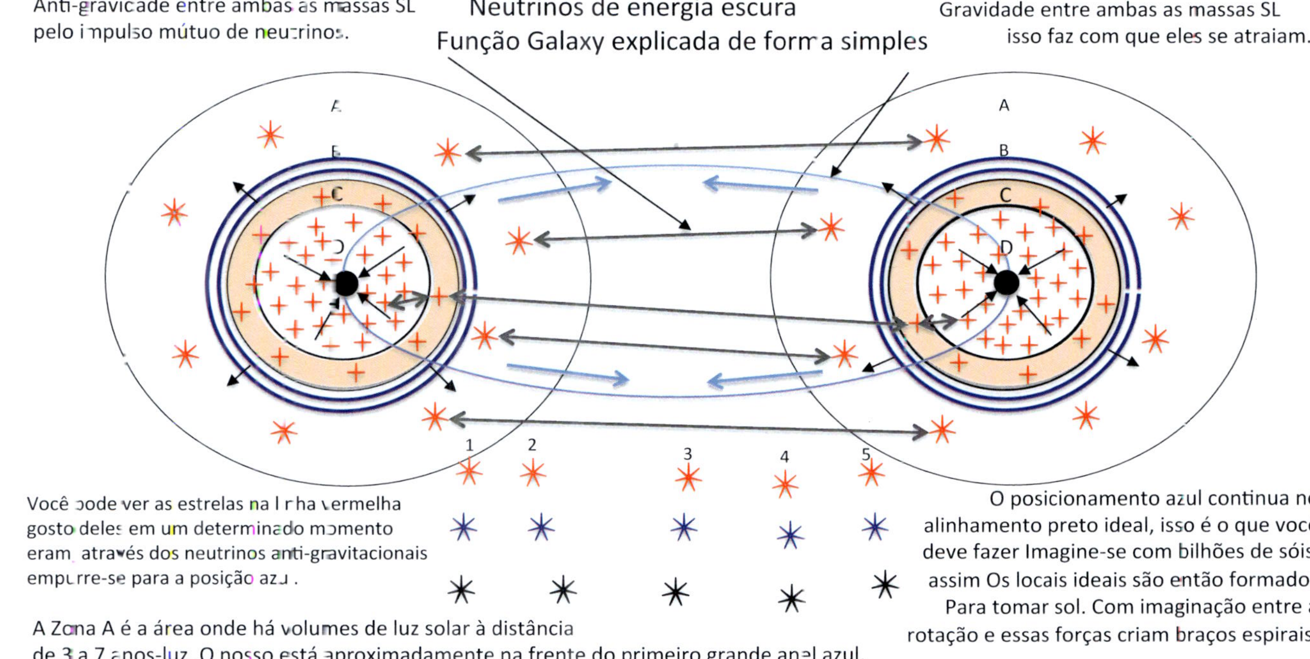

Você pode ver as estrelas na linha vermelha gosto deles em um determinado momento eram, através dos neutrinos anti-gravitacionais empurre-se para a posição azul.

O posicionamento azul continua no alinhamento preto ideal, isso é o que você deve fazer Imagine-se com bilhões de sóis, assim Os locais ideais são então formados Para tomar sol. Com imaginação entre a rotação e essas forças criam braços espirais.

A Zona A é a área onde há volumes de luz solar à distância
de 3 a 7 anos-luz. O nosso está aproximadamente na frente do primeiro grande anel azul.
A Zona B é onde a força gravitacional da massa SL se expande; quanto mais sóis e matéria ela absorve, mais ela aumenta
A gravidade aumenta e influencia cada vez mais sóis, que ficam então condenados.
A Zona C é então tão forte devido à gravidade que os neutrinos não têm mais defesa de impulso contra a galáxia parceira
pode manter. É por isso que agora eles estão colocando mais pressão sobre os sóis internos para que sejam empurrados em direção
ao SL. Pulque devido à alta velocidade de rotação, eles faziam rondas ali permanentemente. Será sobre a massa do SL
muito tempestuoso, a singularidade tem muito trabalho aí para absorver toda a matéria. Aqui está também
Depois de alguns bilhões de anos tudo é limpo pelo SL e a matéria escura segue seu curso.

OES
Perspektive Universum

Esboço: 7 Neutrinos de Energia Escura.

21.) Gravidade ou melhor, magnetismo de eletrogravidade?

Na simetria das 4 forças básicas, onde todas elas estão unidas para formar uma força na massa SL, a gravidade sempre surge e existe em proporção à massa desde a origem da força eletromagnética básica, gerada por elétrons livres que são elevados no material supercondutor da massa SL permite o fluxo de correntes elétricas. A gravidade não conhece limites para que as linhas do campo não possam ser protegidas por nada, por isso é tão necessário iniciar o novo começo de uma galáxia a partir da matéria escura (buraco negro invisível) com outra matéria escura (que funciona da mesma forma) , então permanecem galáxias. A vida nunca para. Cada massa SL (com ou sem sóis) tem a gravidade como o único gasto de energia para o curso posterior do desenvolvimento, compreensivelmente as duas forças básicas resolvidas no SL não fazem sentido. A compatibilidade da teoria quântica de campos e da relatividade geral é alcançada na massa SL. Ambas as forças fundamentais do mundo atômico são esticadas como um raio e estão apenas esperando o momento em que o Sol com sua massa SL as libera novamente através dos estágios Q2, N2, A2 para a fusão nuclear. Se você procurar a relatividade geral na massa SL, não a encontrará, ela não existe lá, mas a mecânica quântica ou a teoria quântica de campos sim. A gravidade pode, portanto, ser definida da seguinte forma.

Todo objeto que tem massa e está localizado no universo (não há outro lugar) é de alguma forma conduzido pela força eletromagnética à gravidade de um campo magnético de uma galáxia, matéria escura ou sóis voando livremente fora das galáxias. São os elétrons que sempre têm um efeito eletromagnético. No mundo atômico existem apenas os elétrons livres de um material, no mundo quântico todos os elétrons são livres e concentrados trilhões de vezes. Este impulso gravitacional é impulsionado pelo campo magnético com a massa SL. A gravidade aumenta proporcionalmente com a massa. Massas SL ou matéria escura (que deve ser equiparada à mesma coisa) atingiram a gravidade máxima de acordo com sua massa, aqui um campo magnético ainda mais forte só pode ser aumentado através de mais massa, mas a força da linha de campo não aumentará como um resultado. O campo magnético do nosso Sol se estende aproximadamente até a nuvem de Oort, o que corresponde a cerca de 1-1,5 LY. As ondas de interferência das linhas de campo da massa SL e do Sol encontram-se ali a esta distância. O que significa que ali ocorre a transição de uma gravidade para outra. A partir daqui, todas as partículas de matéria do Sol acabarão por migrar de volta para a massa SL.

Se não fosse a gravidade do Sol chegando até lá, não haveria uma nuvem de Oort a esta distância, porque ela se move com o Sol tal como o sistema solar. Não só está sujeito à gravidade do Sol, mas também revela a sua origem original. A velocidade de todo este sistema solar é de pouco mais de 800.000 km/h. O campo magnético extremamente forte do Sol não foi criado a partir dos elementos hidrogénio e hélio como se supunha; uma mistura hidrogénio/hélio não pode gerar um campo magnético com uma extensão de aproximadamente 10^{18} km ou mais. Há também uma semelhança na estrutura do campo magnético entre a massa SL da galáxia e do Sol. Ambas as estruturas formam uma espécie de disco de lente, devido ao campo magnético. Mercúrio, Vénus e Terra são feitos do mesmo material, Marte também é classificado de forma idêntica e a sua gravidade também se comporta de acordo com o seu tamanho. Como esses planetas estão relativamente próximos do Sol e todos possuem um núcleo de ferro, que corta o campo magnético devido à velocidade de rotação ao redor do Sol, altas correntes são geradas no núcleo dos planetas, que então desenvolvem um campo magnético de o mesmo. Essas correntes parasitas do interior da Terra criam forças de atração na superfície da Terra até a Lua, porque a Lua é inferior ao campo gravitacional da Terra. A rotação do Sol em torno de si leva cerca de 28 dias, nenhum dos planetas funciona de forma síncrona, por isso as linhas de campo se cruzam dentro dos planetas e criam gravidade através das correntes, dependendo de sua velocidade e massa, este é o conhecido dínamo efeito. Com núcleos quentes e líquidos também ocorrem os movimentos das massas, o que aumenta ainda mais seu magnetismo. (Estrelas de nêutrons) É assim que as forças gravitacionais surgem do interior de cada planeta, que não pode ser protegido de forma alguma. Para planetas sem núcleo de ferro ou matéria diferente como o ferro, a gravidade se equaliza de acordo com a matéria. A gravidade é um fenômeno do eletromagnetismo da massa SL, da qual é feito todo sol, resultante da liberação de todos os elétrons, que então criam correntes muito altas. Essas altas correntes dentro do núcleo do Sol, que são incompreensíveis para nós, formam campos magnéticos que podem ser facilmente observados na superfície do Sol. As linhas de campo diminuem com o aumento da distância do sol ou da massa SL. Durante fortes tempestades aqui na Terra, as agulhas da bússola balançam violentamente quando aparece uma descarga estática de um raio.

A gravidade é um componente dos elétrons na massa e é criada pela dissolução das camadas atômicas, porque isso faz com que a concentração se torne absoluta. A massa SL ou o sol são os iniciadores gravitacionais da gravidade. As linhas de campo, portanto, atuam sobre todas as massas e resultam em gravidade. Portanto, não está na fórmula do nosso mundo atômico existente

$E=mc^2$ porque se tornou uma "massa que não conhecemos" através da conversão no sol. É por isso que Albert Einstein inventou a ideia maluca da curvatura do espaço-tempo para definir a gravidade. Você também poderia dizer que a curvatura de algo requer matéria, em qualquer forma, mas ao redor da nossa Terra ou do Sol, onde eles voam, não há NADA, apenas os átomos individuais por metro quadrado na heliosfera. Uma representação gráfica da bola sobre um pano, que é então pressionada pelo peso, faz sentido simbolicamente, mas como igualar tal comparação com as órbitas de bilhões de sóis? Este exemplo falha aqui e você pode ver que tem outras causas. Einstein não pensou muito nisso. A gravidade existe antes mesmo que uma bola possa ser colocada no tecido demonstrativo. Então, um absurdo total.

Linhas de campo com intensidades de 10^{20} a 10^{25} Tesla ou mais são provavelmente alcançadas na massa SL. Existem galáxias com diâmetros de até 1 milhão de LJ, então a gravidade será necessária para que tal galáxia se forme em um disco de lente. Além disso, uma galáxia (ou matéria escura) tem uma gravidade de identificação 10-20 vezes o seu próprio diâmetro, para poder ser trazida de volta à vida repetidas vezes por massas SL mais distantes. Portanto, não vejo razão para acreditar numa teoria do Big Bang. É completamente absurdo em muitos aspectos. Limitemo-nos à fórmula mundial das galáxias, é compreensível e parece credível, é resistente a qualquer ataque da crítica, porque só existe uma fórmula de visão do mundo. Apenas um melhor que este poderia derrubá-lo. Isso seria apenas ficção científica.

Aqui está outra explicação para melhor compreensão.

Antes de entrar nas 4 forças básicas, mais uma coisa precisa ser mencionada: as forças gravitacionais. Como em nossa pesquisa não conseguimos encontrar nada na família dos quarks que aponte para uma parte elementar do gráviton, como os neutrinos ou todos os outros membros dos quarks, a origem pode certamente ser assumida na matéria da massa SL e nos sóis. Tudo o que resta é o magnetismo da eletrogravidade, que então cria campos de força no planeta como um gerador. Então aqui está uma explicação. O elétron é um componente aqui.

Conhecemos nossas 4 forças básicas, a força nuclear forte, a força nuclear fraca, o eletromagnetismo e a gravidade. O que poderia estar mais próximo da gravidade se, como descrevi, não houvesse força nuclear fraca e forte porque ela foi dissolvida em energia de ligação na massa SL, ou melhor, carregada. Exatamente! Apenas o eletromagnetismo permanece. Mas uma grande distinção deve ser feita aqui. Você não pode comparar a gravidade que temos na Terra ou no sistema solar com a gravidade gerada a partir de uma massa SL. Pelo seguinte motivo: Diretamente próximo (0-500LJ) a atração é mais forte do que os neutrinos podem neutralizar, além disso existe uma zona neutra, que se fortalece absorvendo cada vez mais matéria e assim captura mais sóis. Funciona como uma ampulheta ou redemoinho, que captura o ambiente e o traz para o centro. Na área mais ampla estão os sóis com uma formação de sistema solar habitável semelhante à da Terra, como o nosso. Aqui, e esta é a diferença para o campo de força gravitacional no sistema solar. No buraco negro ou em cada sol, devido à dissolução do mundo atômico (sem força nuclear fraca ou forte), há uma produção de linha de campo muito alta por todos os elétrons livres, o que leva a um campo magnético excessivamente forte. A massa SL precisa disso para se alimentar. Os sóis precisam disso para criar gravidade nos planetas. O sol não precisa dele para se alimentar, mas sim para abastecer seus planetas e, assim, permitir que eles existam. Portanto, antes que qualquer curvatura no espaço exista ou possa existir, porque neste momento da criação há apenas moléculas quentes de gás e plasma girando em torno do sol. Pode-se dizer, portanto, que a rotação do eixo do Sol também provoca uma transmissão via campo magnético solar para interagir com os gases quentes, uma vez que são matéria atômica. Com o tempo de resfriamento, as velocidades de circulação também se ajustam de acordo com as massas de plasma e gás dos planetas. Se você imaginar agora que o Sol é um estator e os planetas formam o rotor, então as linhas de campo do Sol são cortadas no interior dos planetas pela velocidade orbital. Isso significa que existe uma alta corrente elétrica dentro de cada planeta, o que leva a essa gravidade no planeta. Como todos os materiais são feitos de átomos, eles são atraídos por esta gravidade. Este sistema descrito desenvolve-se gradualmente desde o início da formação do planeta, com o plasma quente sendo exposto à gravidade. Aqui, as nuvens de plasma alinham-se primeiro em sincronia com a rotação do Sol. À medida que o plasma se unifica devido à gravidade, a revolução em torno do Sol cria forças gravitacionais, que então se distanciam lentamente do Sol. É assim que os planetas se formam nas distâncias correspondentes do sol. Com essa formação de distância, forma-se também um gerador assíncrono na massa do planeta que está sendo construída a partir da matéria. É assim que a nossa Terra é criada com uma gravidade de $9{,}81 m/s^2$. Esta é uma evidência adicional fundamental contra a curvatura do espaço-tempo. O hidrogênio ou o hélio têm poucos elétrons e também poucos núcleons e podem, portanto, escapar e retornar à massa SL, ou solidificar nos planetas gasosos. Em Júpiter, a gravidade manteria o hidrogênio e o hélio na superfície porque a gravidade é quase 3 vezes mais forte que na nossa Terra. Portanto, o resultado final da gravidade é a força do eletromagnetismo. Esta é uma nova descoberta na física. Como muitas análises de erros levaram a cosmologia a um beco sem saída, agora temos que repensar lentamente.

22.) Espaço e tempo na galáxia.

O espaço no universo não pode ser descrito; não nos é possível reconhecer o seu tamanho. Se não existisse matéria sob nenhuma forma, o espaço permaneceria num vácuo total, não haveria nada neste espaço, embora o espaço seja alguma coisa. Portanto, só pode ser um erro da nossa parte, como humanos, a forma como pensamos sobre a imaginação. Interpretado de forma oposta, não existiriam galáxias, não existiriam pessoas e o espaço ainda existiria, mas ninguém perguntaria sobre isso. O espaço ocupado por todas as galáxias é perceptível e deixa apenas questões sem resposta. Como surgiu o quarto? Existe um fim? O que aconteceu antes quando o espaço foi criado? etc. Aqui para nós, humanos, só existem fantasias estúpidas que não levam a nada. Nós, humanos, não estamos em condições de obter respostas a estas perguntas hoje ou num futuro distante. Na minha opinião, isso vai além de qualquer imaginação que possa levar a isso. Devido aos requisitos técnicos, a ciência acabará por chegar ao ponto em que nenhuma informação poderá ser recebida de grandes distâncias como a luz. A amplitude da luz vai de uma luz vermelha fraca até nenhuma luz e não existe mais para nós, mas ainda existem mais galáxias a milhares de anos-luz além. Portanto, ninguém sabe quão grande é o universo e de onde vem a massa. O universo não pode ser visto nas cartas. Um espaço é definido por nós, humanos, com limitações; no universo não há chão, nem teto, nem paredes. Portanto, o local onde todas as galáxias estão localizadas não pode ser chamado de espaço.
O tempo também é uma invenção da humanidade, serve apenas para definir com mais precisão entre massa e velocidade. O tempo é composto de massa e velocidade e depois se transforma em energia, sendo mantido pela gravidade. Pode-se dizer também que se não houvesse massa (conteúdo do universo), não haveria energia, não há nada ali, portanto não se pode atingir uma velocidade na qual se possa usar uma unidade de medida e o tempo. Não se trata de nada. O espaço e o tempo são a linha divisória entre a matéria de compressão absoluta e o mundo atômico que então emerge. Como a singularidade da massa SL ocupa um espaço, uma definição clara para o

espaço só é dada quando nós, humanos, sabemos onde pode haver limites para ele, se é que existem limites. Porém, se você quiser escalar o tempo da mesma forma e saber o início de tudo, aqui também há a mesma resposta; Ainda não chegou a hora de saber como começou esse fenômeno do espaço e do tempo, sem falar da matéria. A tensão provavelmente aumenta desproporcionalmente com o conhecimento da humanidade. Com este segredo o nosso sistema solar irá dizer adeus em algum momento e dentro de alguns bilhões de anos as pessoas irão emergir novamente através da evolução de uma nova galáxia. Então definitivamente haverá as mesmas questões de hoje.

O ponto zero de um tempo é onde tudo na massa do SL foi credenciado por uma galáxia. (Matéria escura) Mas isso só acontece na galáxia afetada. Se você vivesse em outra galáxia ao mesmo tempo, então haveria um tempo para as pessoas que vivem lá. Na matéria escura é atemporal porque não existem sóis nem planetas. É por isso que não há tempo. É lógico.

O que me fez pensar sobre o que descobri foi que não existe tempo algum no universo, não reconheço esse fenômeno do tempo em nenhum outro lugar que não seja algo onde haja uma interação ou outros traços. Não acho que o universo se importe com o TEMPO. Isto é apenas uma invenção da humanidade, assim como o espaço, está aí para nós, o universo está aí. Não tem efeito no universo, então algo assim não pode se expandir, essa seria a conclusão lógica.

Ou é o ponto onde toda a massa de uma galáxia excedeu a singularidade e está nesta matéria que nos é desconhecida. A situação permanece a mesma. Se alguém estivesse em outra galáxia, então ainda existiria um tempo correspondente para ele, mas apenas em sua galáxia e em seu sistema solar. A definição de galáxia é quando ela tem sóis ao seu redor, como a nossa Via Láctea. Se esta massa SL, que está localizada no centro da nossa galáxia, absorveu todos os sóis, chamamos-lhe matéria escura. Neste momento a galáxia teria absorvido toda a sua massa através da singularidade, então logicamente não teria mais tempo e, portanto, não teria mais energia no estado do sistema solar ($E=mc^2$). O mundo atômico desapareceu. No entanto, o mundo atômico desapareceu. a energia total com as 4 forças básicas permanece agora concentrada na massa SL. (Conservação de energia!) As galáxias se movem em média a cerca de 1.000.000 km/h ou mais, têm uma massa altamente comprimida e, portanto, muita energia. Para relaxar, uma massa semelhante é necessária de outra galáxia, o que faz com que o processo recomece através de uma colisão e crie uma nova a partir de duas galáxias. (Ver Massa SL) O que acho interessante é que nossos nomes surgiram para

certos fenômenos. Alguns depois os nomes que descobriram, ou também como singularidade, raio de Schwarzschild, curvatura espaço-tempo, eclíptica, teoria das cordas etc.
Um pequeno exemplo: na Terra você tem 30 anos. Se você voar para Marte agora, em 30 anos terrestres terá apenas cerca de 17 anos? Isso seria bom, certo?

23.) As galáxias podem controlar umas às outras?

Cada galáxia é autossuficiente e autossuficiente. A única comunicação com outra galáxia é a gravidade, já que a gravidade entre 2 galáxias é muito fraca, mas tem interação na matéria distante, posso imaginar que a emissão de neutrinos de uma galáxia cheia de sóis outros corpos pesados como os escuros importa como um espaçador pode ser visto. Os neutrinos (por terem massa) atuam como espaçadores e são um pouco mais fortes que a força gravitacional até uma certa distância e assim permitem o controle entre os sóis (ver esboço), pelo que uma colisão durante o vôo paralelo pode ser evitada, o que significa que caso contrário estruturas de nebulosas espirais não existissem seria possível. Este fenômeno de controle só pode ser reconhecido se os fundamentos das leis naturais forem respeitados e atribuídos à força física básica da gravidade. Os neutrinos são o pólo oposto da gravidade. (Portanto, antigravidade) Os neutrinos são, portanto, criados apenas nos sóis através do decaimento beta, e não nas massas SL, não há decaimento beta. Como foi provado que os neutrinos têm massa, eles chovem sobre massas SL em enormes quantidades, impossibilitando sua passagem. Isso evita que a galáxia ainda intacta colida muito cedo, para não destruí-la durante sua fase de vida. Uma vez que a análise de erro do nosso Sol está disponível aqui, supostamente consiste em hidrogénio, este efeito não se manifestaria de todo e todas as pesquisas futuras terminariam miseravelmente num beco sem saída. Esta é a função dos supostos neutrinos fantasmas, onde a ciência ainda tateia no escuro. Ou você acha que os neutrinos foram adicionados à família dos quarks porque são lindos? Não, cada quark tem o direito de existir para fazer justiça à natureza do universo. Se detectarmos 60-80 bilhões de neutrinos/cm^2 na Terra, só para dar um número, teria que ser mais de 10^{130} por área de outras massas SL, ou até mais. Como a matéria na massa SL é altamente comprimida (tamanho da família de quarks de 10^{-19m} a 10^{-24m}), os neutrinos não podem voar por lá. Eles colidem diretamente com as partículas elementares e exercem um impulso. Um bom exemplo para entender seria se você quisesse lavar uma teia de aranha (planeta, mundo atômico) com um jato de água (neutrinos). A água voa através da teia de aranha e a deixa quase intocada, mas se você segurar o jato em uma folha (sol), poderá lavá-la para longe de você. Uma comparação em tamanho real mostra que é ainda mais extremo com uma bola de tênis; Tamanho de uma concha atômica 10^{-9m} - 10^{-10m}, tamanho de neutrino de partícula elementar 10^{-24m}. Com uma bola de tênis com um diâmetro de 7cm como o tamanho do neutrino, uma malha líquida seria 10 trilhões de vezes maior, ou seja, 70 -200 milhões de km de distância. Isto é e parece improvável, mas é a realidade. É lógico que tudo voe por lá. Isto mostra quão pequenos são os neutrinos e quanta gravidade comprimiu o mundo atômico como o nosso. É por isso que é tão difícil capturar esses neutrinos. (detector de neutrinos Kamiokande) Os elétrons teriam então um tamanho de aproximadamente 70-120 metros, com um envelope atômico de 70-200 milhões de km. Basicamente da Terra a Marte e além.

Acontecerá então que a energia escura (75% do universo), ou seja, a produção de neutrinos, ficará alojada na força nuclear fraca e forte, porque aqui esta energia também é libertada da energia de ligação dos quanta. No entanto, uma vez que haverá um desequilíbrio no cálculo da energia de 75%, deverão ser introduzidas melhorias e fornecidos números reais. Esses cálculos matemáticos são secundários para mim porque são criados de uma maneira muito variável por muitas galáxias variáveis. Para gerar a força nuclear forte e fraca do Sol, ou seja, para produzir os elementos de toda a tabela periódica, o decaimento beta está incluído na produção de neutrinos, portanto este processo é a base da energia escura. Como existe apenas uma única força básica + massa na matéria escura e essa é a força eletromagnética, que também exerce o efeito da gravidade ao mesmo tempo, que interpretamos como uma força básica, mas na realidade pode ser vista como uma força secundária. produto da força eletromagnética. (A gravidade e a força eletromagnética são inseparáveis). Portanto, ela deve e deve ser vista como uma força fundamental. A força nuclear fraca e forte é carregada como energia de ligação na matéria escura, desligada ou colocada no gelo e aguarda a liberação no Sol para então tornar possível a vida no sistema solar sob a hierarquia da ART como uma tabela periódica. . Então, por que a gravidade e a força eletromagnética estão sempre juntas? Porque ambas as forças básicas só são construídas e manifestadas por elétrons. Portanto, estas duas forças fundamentais (força eletromagnética gravitacional) nunca podem ser eliminadas e devem ser consideradas como uma única força. Portanto, num campo de força magnética, as linhas do campo interagem com todos os elementos atômicos. Porque cada elemento contém pelo menos um elétron.

23.1.) Gravidade Antigravidade.

A gravidade é o começo de tudo que podemos observar no universo. Portanto, é impossível imaginar a vida sem ele porque é criado a partir de elétrons. Onde quer que estejamos, em todo lugar existe até o menor átomo, há uma interação com esse material. Para que essa gravidade não se torne um fiasco e se destrua, a natureza desenvolveu uma variante muito interessante em seu projeto, são os chamados neutrinos "fantasmas". Com esta postulação eu os libertarei de sua vestimenta espiritual. Inconscientemente, eles ainda não foram detectados oficialmente pela ciência, por isso são chamados de fantasmas. Mas isso definitivamente não é verdade. Eles são antigravitacionais e só entram em vigor no processo de fusão nuclear do Sol. Se também aparecessem na massa do SL, haveria um paradoxo entre as duas forças da gravidade e da antigravidade. Isso permite que sóis como o nosso permaneçam vivos por muito tempo. Você primeiro precisa inventar uma conquista superinteligente do universo. Com essas considerações, como poderia ter acontecido de acordo com as leis de todas as condições físicas, o cérebro estava praticamente fervendo de sobrecarga.
Um exemplo muito bom de gravidade, para que possa ser ainda melhor compreendida, é um motor assíncrono. Um forte campo magnético rotativo é criado no estator pela eletricidade. Corrente trifásica trifásica de 400 volts, como é habitual em quase todos os lares. A estrutura de ferro do rotor cria uma grande corrente parasita. Assim como o Sol (estator) para a Terra (rotor), um campo magnético é criado aqui, fazendo com que o rotor gire e tente seguir o campo elétrico giratório (estator). Se o rotor conseguisse, não haveria mais indução no rotor e ele pararia, então inevitavelmente funcionaria em marcha lenta. Ou seria praticamente sem peso, como em queda livre aqui na Terra ou numa estação espacial. Se agora carregarmos o rotor e o utilizarmos para acionar uma máquina, o estator absorverá mais corrente para atingir novamente sua velocidade. Isso levaria então à velocidade de escape do sistema solar, então eu colocaria mais energia no sol, a gravidade na Terra aumentaria e a Terra seria atraída, ou a Terra aumentaria sua velocidade, ou se afastaria ainda mais de o sol, para não ser atraído. O que deve ser entendido aqui é a força atrativa entre o estator e o rotor, que possui uma folga no motor de aproximadamente 0,5mm onde as forças são transmitidas. Para nós, esses

0,5 mm equivalem a aproximadamente 150 milhões de km entre o Sol e a Terra. A rotação da Terra em torno do Sol faz com que ocorram os mesmos fenômenos. E temos uma atração gravitacional de 9,81m/s^2 (lei de Newton) na Terra. A Lua tem as mesmas linhas de campo magnético, mas a absorção pela menor quantidade de material na Lua minimiza a atração gravitacional na Lua. Se a Terra teoricamente girasse mais rápido em torno do Sol, a atração gravitacional aumentaria, 15m/s^2 ou 20m/s^2. Se teoricamente dirigíssemos até o centro da nossa terra, não teríamos peso, esse seria o momento que o rotor está tentando atingir durante o funcionamento. Mesmo na ISS não somos praticamente nada mais do que o centro da nossa Terra. É por isso que os astronautas não têm peso lá em cima. Com este esquema prático de comparação você pode ver que a gravidade só pode vir do Sol e se estende desde o seu campo magnético até a nuvem de Oort. É por isso que você não pode se proteger da gravidade. Esta é mais uma evidência lógica contra a curvatura do espaço-tempo de Albert Einstein.

Energia de ligação

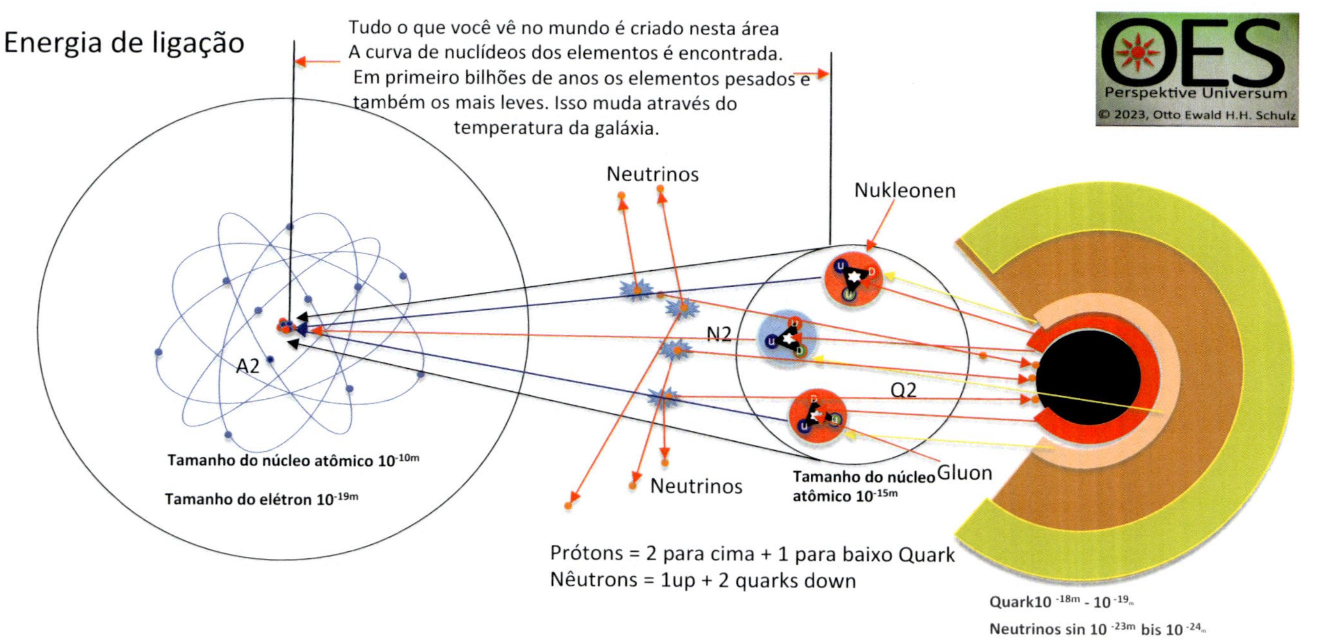

A massa SL no núcleo do Sol deixa os quarks e léptons necessários na área Q2 no princípio da probabilidade da teoria do caos E os bósons são liberados para que a força nuclear forte possa se ligar através do glúon no nucleon. Esta é a energia primária O sol, que fica livre devido à pouca gravidade. No momento seguinte, todos os existentes na curva de nuclídeos passam a existir Elementos, principalmente devido ao decaimento de neutrinos. As enormes quantidades de neutrinos martelam a superfície do Sol, Para garantir um processo controlado. Se esta tecnologia da natureza não fosse o caso, a uniformidade não ocorreria Fornecimento de energia aos núcleons, caso contrário uma estrela de nêutrons não seria capaz de se desenvolver posteriormente. É aqui que eles se formam area N2 através dos elétrons os elementos e dá ao núcleo atômico a força nuclear fraca. No final deste Cadeia, são então os raios que são vitais para nós e são atribuídos principalmente à fusão do H^2 H^3 com o hélio. Esse O processo se desenvolverá na região de transição do marrom para o amarelo e depois na coroa solar para o mundo atômico explodido.

Esboce: 8 neutrinos de energia de ligação.

23.2.) Como deve ser vista a expansão do espaço?

Da perspectiva da visão do Big Bang, a expansão do espaço é responsável por tudo no universo.
Este é o primeiro erro gradual nesta constante de Hubble, o que leva a este resultado de expansão com outros cálculos. Como ninguém sabe exatamente quão grande é o universo e, portanto, não pode assumi-lo aproximadamente, a probabilidade com caráter lógico só pode levar ao fato de que ele é infinito em nossa imaginação. Estas pessoas são simplesmente demasiado tacanhas para fazerem tal previsão de expansão. Para examinar esse fenômeno mais de perto, você precisa das energias que já descrevi nos outros capítulos. Mais precisamente, a chamada energia escura e matéria escura. E há uma solução aí também. Agora tente seguir meus pensamentos. (O esboço torna isso ainda mais claro.)
Da continuação (esboço do universo em escala) entramos no universo que ainda não podemos ver para torná-lo mais claro.
Imagine um espaço infinitamente grande. Existem balões na sala contendo todas as galáxias. Estamos agora deixando de fora a matéria escura, que, se levada em conta, levaria a estruturas na formação da galáxia. Agora você sabe o que é a energia escura (neutrinos), o que significa: cada balão tem uma certa energia antigravitacional, então cada balão pode se expandir e contrair novamente (neste caso, a dissolução da galáxia). Dependendo de quantos sóis existem em uma galáxia. Se considerarmos agora que o espaço é fechado, podemos assumir que ele é infinito. Agora voltamos à lei da conservação da energia, o que isso nos diz? Definitivamente é esse o caso, a energia não pode ser canalizada para a nave! A energia não pode ser criada nem aumentada, muito menos destruída. O que quero dizer com isso? Cada balão que se expande numa parte do universo contrai-se simultaneamente em outras áreas, ou mesmo entre os balões, os balões. Este é um jogo de vaivém devido à gravidade e à antigravidade. Portanto, tende-se a dizer que há uma expansão da matéria visível e conclui-se que há uma expansão, o que se torna uma falácia, embora a matéria escura com a sua única gravidade não deva ser subestimada. Isto só se torna dominante quando a antigravidade não aparece mais. Se assumirmos agora que, com base em cálculos científicos, existem cerca de 70% de energia escura e cerca de 30% de matéria escura no nosso universo visível, então também acontecerá que existe numa área diferente do universo (que consideramos não consigo ver) as proporções são invertidas para 30% de energia escura e 70% de matéria escura. Tenha sempre em mente

a lei da conservação da energia. Agora repito novamente: sem esses neutrinos emitindo esse impulso para outros sóis (galáxias), nenhuma estrutura ou sequência funcional poderia se formar no universo. Há uma aglomeração total de toda a matéria no cosmos. Agora tudo o que precisamos fazer é olhar para fora da porta da frente e olhar para o nosso sol. Ainda consiste em hidrogênio em seu núcleo? Porque se fosse hidrogênio, os neutrinos voariam direto e não teriam nenhuma interação com o Sol. Quem pode acreditar que algo existe nas partículas elementares sem ser usado para alguma coisa? A natureza pode ser tão estúpida? Acredito que tudo tem um significado inequívoco e, portanto, também uma constante espacial que postulo, que está claramente expressa neste livro. Portanto, temos de nos concentrar novamente na cosmovisão deste livro, porque ela responde a todas as perguntas, até ao assunto em questão. De onde ela veio? Quão grande é o universo? Quando e como isso poderia ter surgido? Nunca há uma resposta para isso.

24.) Cálculo e formação de uma galáxia como a Via Láctea.

Os sóis que existem atualmente em nossa galáxia podem ter cerca de 5 a 6 milhões de massas solares. Certamente mais em muitas galáxias, e menos em muitas galáxias anãs ou mesmo fora das galáxias. Então, de alguma forma, você está sempre certo com essa estimativa.

A matéria reabsorvida pela massa SL recém-formada após um acidente é talvez de 50 trilhões a 500 trilhões de massas solares, dependendo do tamanho da galáxia. Calculado aqui desde 100 milhões de anos após o acidente até hoje. Isto é puramente especulativo em termos de sentimento, para podermos imaginá-lo melhor.

A matéria que foi e ainda é ejetada de todos os sóis da galáxia é de pouca importância neste momento, mas terá um impacto significativo ao longo de uma vida de 20 a 100 mil milhões de anos.

Perda de material para cálculo por sol em média aproximadamente 8 milhões de toneladas/seg. x 300 bilhões de sóis = $2,4^{18}$ * 3600 seg. = $8,64^{21}$ * 24h = 2^{23} * 365 dias = $7,568^{25}$ toneladas/ano. x 1 milhão de anos = $7,568^{34}$ kg/ 1 milhão de anos. Isso seria cerca de 37.840 massas solares da nossa galáxia/1 milhão de anos. Em cerca de 1 bilhão de anos haverá cerca de 38 milhões de massas solares. O ciclo de vida de uma galáxia varia entre 10 e 100 bilhões de anos, dependendo do seu tamanho inicial. Para o nosso, é talvez de 30 a 35 bilhões de anos. Durante este tempo, cerca de 1,1 mil milhões de massas solares seriam queimadas dos sóis devido ao vento solar e migrariam para a massa SL através de substância molecular. Há um efeito colateral, você também poderia dizer, um produto residual. Esta é a formação de cada sol em um sistema com planetas e tudo o que os acompanha. Somos essencialmente evoluídos pela matéria atômica a partir da substância básica, inundados por ela e feitos escravos de nossa terra.

O resto é absorvido diretamente e resta apenas a matéria escura. Agora você pode restringir tudo um pouco, adicionar uma grande parte desde o início e assumir diferentes tamanhos de galáxias, para obter aproximadamente um resultado aproximado, a partir do qual o curso de uma galáxia fica claro, porque é isso que eu quero transmitir aqui. O fluxo de massa de energia da galáxia na massa SL. Isto deve ser entendido como fluxo de massa de energia e forma uma nova constante.

Como resultado, o potencial gravitacional da massa SL aumenta gradualmente (aqui há uma comparação proporcional entre sóis e a massa SL) e os sóis restantes enfraquecidos são cada vez mais atraídos para o centro, porque após 20-30 bilhões de anos um sol tem esta como o nosso perdeu a maior parte de sua massa e está inevitavelmente se aproximando da massa do SL. A vida para nós, humanos, tal como surgiu, está a ser reduzida evolutivamente sem que percebamos. Durante este ciclo, os sóis de massa SL no interior da galáxia são os primeiros a serem vítimas. A maioria deles já se dissolveu, nem todos produziram vida como a nossa. Isso pode ser chamado de constante do ciclo de energia. É uma lei natural das galáxias, que funciona perfeitamente e é fascinante sem qualquer intervenção humana. Veja o esboço antigravitacional.

Aqui estão dois exemplos de duas dimensões SL diferentes.

Na minha opinião, a massa do SL, que foi quase completamente reformada cerca de 100 milhões de anos após o acidente, é de cerca de 95% da massa actual, ou seja, cerca de 600 biliões de massas solares. Com este cálculo relativamente profundo, o diâmetro da massa SL revela-se muito pequeno, quase 13,5 cm, se o utilizarmos na escala de Espanha. Na realidade teria um diâmetro de cerca de 120 horas-luz, ou 130 mil milhões de km.

Dados de medição para comparação com a Espanha;

100.000 anos-luz = aproximadamente 950.000.000.000.000.000 km: escala espanhola de 1.000.000.000 mm.

1.080.000.000 km = 1Lh

Unidade astronômica (150 milhões de km) = 0,157 mm de distância do Sol à Terra na escala espanhola 100.000 anos-luz: 1.000 km ou 1.000.000.000 mm

Com base apenas no meu sentimento interior, pude imaginar que a massa do SL seria muito maior, 5 metros na escala espanhola, o que na realidade teria

6 meses-luz de diâmetro. Ou 4,5 trilhões de km de diâmetro, o que ainda parece relativamente pequeno. Caberiam aqui 40-70 trilhões de massas solares, lembre-se, com um diâmetro solar de 1,4 milhão de km. O núcleo da matéria comprimida é muito menor. Acho que esses cálculos são secundários, outras pessoas deveriam fazer isso. Porque com tanta variação nos tamanhos de sol e tamanhos de massa SL, você pode aceitar quase tudo.

Aproximadamente quanta massa existe no universo visível?

Calculamos nosso Sol com um núcleo de massa SL com diâmetro de 200 km. Isso é cerca de 7 milhões de km^3 x 300 bilhões de sóis = cerca de $2,5^{18}$ km^3 + 30% a mais de massa devido a sóis maiores que os nossos = cerca de 3,318 km^3 + os sóis que já foram separados pela gravidade até o momento. Se houvesse cerca de 2 trilhões nos primeiros 100 milhões de anos, isso seria cerca de 7x a massa de $3,3^{18}$ km^3 = $2,2^{19}$ km^3. Agora, pode-se presumir que ainda existem cerca de 10.000 pequenos buracos negros com massas entre nossas nebulosas espirais e braços espirais correndo ao redor . Devo dizer que é um cálculo relativamente pobre. Essa massa pode ser a mesma que já temos agora. Então, aproximadamente = $4,5^{19}$ km^3, eu gostaria de atribuir a massa do SL no núcleo à proporção entre o Sol e os planetas, ou seja, aproximadamente 99% da massa total do SL como matéria escura = $4,5^{19}$ km^3 = aproximadamente $4,5^{21}$ km^3 Se este fosse o nosso SL massa, então Esta esfera tem um diâmetro de aproximadamente 18.000.000 km, o que equivale a quase 55 segundos-luz. Na Espanha isso significaria 0,019 mm. Perguntei-me se teria havido um erro de cálculo. Se você considerar agora o fator 1.000, a massa SL será um pouco maior que a do nosso grão de bico. Portanto, a massa do SL é aproximadamente do mesmo tamanho do nosso sistema solar. Sou generoso e vou para o meio, então fatore 500 =
4.5^{21} km^3 *500*500*500 = 5.6^{29} km^3. Esta massa-SL teria um tamanho na escala espanhola de pouco mais de 9mm, ou seja, menor que o nosso sistema solar. Para mim esta seria uma massa exagerada da nossa galáxia, porém este cálculo caberá em outro lugar. Agora eu poderia extrapolar essa massa para 5 trilhões de galáxias em nosso universo visível. então o seguinte sairia. = 2,8 ^{48} km^3. Esta seria então a massa visível total.

A matéria escura, que ainda não está incluída, poderia representar 30% dessa massa, que então chegaria a cerca de 3.6^{48} km^3. A massa bariônica não é nada significativa. Você pode esquecê-los completamente. Essa massa é comprimida até as partículas elementares e dirige todo o universo. Não quero garantir esse cálculo, é algo para se pensar. Onde cada um deveria formar sua própria opinião. Pessoalmente, posso imaginar que a massa real do nosso universo visível seja muito maior. Os cálculos actuais da energia escura e da matéria escura baseiam-se no hidrogénio, etc., nos sóis. Portanto, esses cálculos baseiam-se em fundamentos incorretos.

Veja, esses outros dois cálculos estão muito distantes um do outro, um incrivelmente pequeno com 120 horas-luz e o último com 6 meses-luz de diâmetro, relativamente grande para a massa do SL, mas ainda pequeno. Porque a 5 metros de uma vista aérea não seria possível ver Madrid de uma altura de 100 km. Muito menos o cálculo do parágrafo anterior. O verdadeiro tamanho de muitas galáxias provavelmente estará em algum ponto intermediário. Talvez a minha estimativa de 2 metros a 5 metros na escala espanhola seja uma das muitas possibilidades? Se eu olhar algumas fotos com massas SL, essas massas SL poderiam ter dimensões de 10 a 20 mil anos-luz, e isso é um exagero total. Dê uma olhada neste hocus pocus você mesmo. Eu só quero fazer você pensar, porque quando a compressão começa em uma massa tão monstruosa é puramente especulativo. A mesma massa está contida nas estrelas de nêutrons e tem a capacidade de simplesmente sugar esses sóis, que então já são vermelhos, por meio de sua gravidade. Como resultado, a estrela de nêutrons poderá, com o tempo, evoluir para uma massa SL se o apetite for bom. Não sabemos exatamente, mas você só pode imaginar. Você não pode descartar isso. O que é definitivo para mim é: sem comprimir a matéria, a energia como a encontrada no Sol não pode ser formada ou revivida. Resumidamente; Todo o processo não pode funcionar. Até agora não existe nenhuma expressão para tal matéria monstruosa que não possa ser comparada a qualquer elemento da tabela periódica. É apenas o mundo dos quarks, não o mundo atômico da relatividade geral. O que falta aqui é a energia nuclear fraca e forte.

Como exemplo comparável, a massa monstruosa na massa SL é vista como sendo triliões de vezes mais eficaz do que a comparação na compressão da madeira com a fotossíntese do Sol como motor de energia aqui na Terra.

Uma árvore absorve principalmente CO_2 (gás) através das folhas, armazena o C (na forma sólida) no tronco e libera novamente o oxigênio O_2 (gás). Quando queimada, a madeira necessita de oxigênio e se combina novamente para formar CO_2. O calor que queima durante o processo de combustão vem do carbono criado pela compressão da fotossíntese do sol. Um ciclo pode ser visto aqui, assim como na massa comprimida do monstro SL. O processo de queima do material solar pode, portanto, ser interpretado da seguinte forma:

Na massa SL, a gravidade é tão forte que nenhuma luz pode ser produzida, nem radiação de calor nem qualquer outra perda de energia ocorre. Não há processos de fusão nuclear, nem qualquer liberação de energia além da gravidade através da força eletromagnética básica. A madeira reage da mesma forma quando não está queimando. Porque acima de uma certa gravidade, que depende sempre da massa, a gravidade já não permite a fusão nuclear, as forças nucleares fraca e forte são destituídas de poder e colocadas fora de acção. As conchas atômicas não existem mais. Então você pode comparar com a madeira, a madeira não explode como o composto SL, ela queima muito devagar. Se o Sol fosse feito de hidrogénio, explodiria imediatamente a essa temperatura porque o oxigénio também se fundiria. nenhuma gravidade seria capaz de reter e controlar tal pressão no eixo. É por isso que as forças nucleares estão esperando que a fusão nuclear no Sol seja liberada e então voltem a formar vida com toda a tabela periódica.
A natureza e o objetivo da massa SL é acumular, credenciar e comprimir a matéria, e não como se pensava originalmente, que a gravidade vem da curvatura do espaço, de modo que nem mesmo a luz sai. Para que isso deveria servir? Isso não faz sentido! Não há luz alguma na massa do SL, então ela não pode sair. Se houvesse um arquiteto do universo, ele riria muito de tais declarações. Isto pode ser negado porque a natureza tem o seu plano e não é contraproducente na sua interpretação. Portanto, não há luz que possa sair ou ser emitida. Para que a luz (fusão nuclear) deveria ser usada aqui? Afinal, a natureza não é estúpida.
Assim como os termos astronômicos supercomplicados como horizonte de eventos, raio de Schwarzschild ou singularidade, talvez radiação Hawking e curvatura do espaço-tempo sejam palavras interessantes? No entanto, não há necessidade visível de que seja usado no universo. Então, na verdade, é bastante simples, como descrito acima, existe um corpo muito grande e maciço, de enormes dimensões, e isso é tudo. Aqui você só precisa saber ler as energias corretamente e funcionará sem que surjam perguntas que você não poderá responder posteriormente. Portanto, a energia total é libertada aqui nesta massa SL pela queda, e um destes triliões de pedaços é o nosso Sol. Um sol como o nosso viaja com mais de (especulativamente) 20-40 trilhões de outros pequenos fragmentos quando a colisão encontra outra massa SL. Este acidente tem uma velocidade de impacto de mais de 4-5 milhões de km/h. (ou mais?) Todos podem imaginar que uma grande variedade de fragmentos se formam aqui e o impacto pode durar mais de 100 milhões de anos até que as últimas massas comecem a se formar novamente em uma massa SL. As mais diversas formações galácticas são criadas por

diferentes impactos e por diferentes massas de SL. Se uma massa for muito maior, ela poderá permanecer intacta e a menor explodirá conforme já descrito. Existem galáxias que são 10 vezes maiores em diâmetro que a nossa Via Láctea e, portanto, têm mais massa total. No entanto, uma grande parte, estimada em cerca de 1%, permanece na galáxia apenas com órbita autodeterminada devido a colisões, deflexões e influências gravitacionais ou efeitos de repulsão. Essa seria aproximadamente a teoria da probabilidade de uma colisão, com ela se quebrando em trilhões de fragmentos (pedaços ou massa viscosa?). (Matéria desconhecida) 20-40% das massas que não alcançaram a órbita foram reabsorvidas pela massa monstruosa até o momento. Neste estado, nada pode ser visto em outras galáxias porque permanece oculto pelo envelope de gás quente. Uma grande percentagem também poderia deixar toda a galáxia e contrabandear-se para outras, o que pode levar a detonações descontroladas, podendo formar-se nebulosas galácticas como a nossa (Nebulosa de Órion). É mais ou menos assim que imagino uma galáxia estruturada. Fora da nossa galáxia, também existem estrelas individuais em uma batalha perdida, bem como aglomerados de estrelas, com massas SL menores tentando construir galáxias anãs. Tudo isso cabe na explicação e está se tornando cada vez mais transparente.
Com esta viagem de um Sol, todo o processo de formação de novos planetas começa novamente num futuro sistema solar e talvez também haja pessoas numa nova Terra novamente.
De acordo com as descobertas atuais da nossa ciência, a energia é 100% determinante para a orientação através da lei da conservação da energia. Aqui, as condições mais básicas da estrutura física são escritas por nós, humanos, e devem ser aplicadas às teorias assim que a matéria atômica estiver envolvida. O mundo quântico, que achamos difícil de compreender, é algo incompreensível segundo os nossos critérios, algo que simplesmente temos que aceitar como é e se não nos apressarmos será novamente diferente do que era antes. Então deve haver algumas influências, através de frequências ou radiação até neutrinos, que na nossa pesquisa essas análises, não sei como? mas de alguma forma manipulá-lo. Isso é sobre os malditos quarks. Provavelmente são novamente os neutrinos que interrompem constantemente um processo de medição durante a medição; ninguém pode fazer nada a respeito ou protegê-los. Eles voam por todo o mundo atômico.
Todas as outras versões não são suficientemente credíveis, especialmente a divulgação pública da formação do Sol a partir de nuvens de gás e poeira estelar. O hidrogénio é um gás com a maior expansão e, se ainda estiver na faixa de temperatura de bilhões de graus Celsius ou até mais, nunca poderá

entrar em colapso antes da formação do planeta. O hidrogênio tem um ponto de fusão ou ebulição de aproximadamente 273 °C negativos ou 0 Kelvin. Nossa Terra, incluindo Mercúrio, Vênus e Marte, tem um núcleo de ferro com ponto de fusão superior a 1.500°C. Como imaginar esta “tese”? Aqui, os estados agregados com condições termodinâmicas estão a quilômetros de distância. A pressão é expansiva ou neutra e a mesma em todos os lugares. Portanto, o Sol não pode consistir em hidrogénio como material primário e não pode ter sido criado. Se você também levar em conta a velocidade do Sol, como todos os jogadores (mais de 180 planetas e luas, bilhões de asteróides e meteoritos) em um sistema solar deveriam atracar aqui a 800.000 km/h, então provavelmente acabou. Ao calcular a perda de massa do Sol, conforme já descrito, basta pesar a matéria que foi ejetada do Sol ao longo de 10 bilhões de anos. A mesma energia teria que ter sido previamente absorvida por uma nuvem de matéria gasosa. Isto nunca será possível e, no entanto, o Sol ainda está estável hoje e terá combustível para muitos milhares de milhões de anos que virão. O que a lei da conservação da energia nos diz? Dê uma olhada! Este conhecimento científico está errado e viola as nossas leis físicas em todas as situações. É preciso haver uma melhoria científica oficial aqui. Acho triste que algo assim tenha sido anunciado à humanidade há décadas. Isso é transmitido em meus vídeos como dano corporal espiritual e intelectual à humanidade.

25.) Formação de estrelas de nêutrons.

Mas agora a segunda etapa de energia de ligação à estrela de nêutrons ou magnetar? Se o envelope (zonas de convecção, fotosfera, cromosfera, coroa solar, etc.) ao redor do núcleo do Sol não estiver mais suficientemente unido em um certo nível de gravidade, a massa se expande, incha e lentamente muda de um sol para uma gigante vermelha. Isto é aproximadamente o que a nossa ciência prevê, assumindo que o Sol é feito de hidrogénio. Gostaria de me distanciar desse conhecimento científico. Alguns capítulos explicam isso detalhadamente para não acreditar no absurdo. Minha consideração pelo funcionamento seguro de um Sol não é apenas a gravidade que deveria mantê-lo coeso, mas há certamente forças completamente diferentes envolvidas na explosão controlada do Sol. Abordo agora este momento em que o processo de fusão nuclear chega a um impasse. Na minha opinião, a reposição da energia de ligação da massa SL (ou seja, o núcleo do Sol) lentamente não será mais capaz de gerar temperatura suficiente devido à redução proporcional no bombardeio de neutrinos na superfície do núcleo do Sol e como resultado a continuação da fusão nuclear não será mais capaz de se sustentar como um sistema irreversível. Colapsa em tempo astronômico e, conseqüentemente, a fase de energia de ligação N2 a A2 para. O que resta é a família dos quarks comprimidos com os prótons e nêutrons como produto final. Se o Sol fosse feito de hidrogénio, desintegrar-se-ia até não sobrar nada ou explodiria, porque o que mais impediria esta fusão nuclear? Não haveria então estrela de nêutrons ou magnetar. Deve haver algo compreensível acontecendo neste processo de frenagem da fusão nuclear. Portanto o Sol não pode ser feito de matéria atômica. Você está começando a notar isso agora?

Este processo poderia fazer com que o Sol se expandisse e destruísse todo o sistema solar ao longo de milhões de anos. Ela tem o direito de fazê-lo porque ela o construiu. A natureza do universo deve ter levado em conta que esse processo ocorrerá então de forma eficiente. Durante esta destruição, todos os planetas e luas são convertidos para o estado de matéria gasosa e migram de volta para a massa SL. O que resta é a estrela de nêutrons. A expansão desta massa solar só pode ocorrer de forma muito lenta e discreta porque as energias são apenas moderadas e astronomicamente pequenas. Estime a extensão máxima em talvez 10-15 minutos-luz. Isto se torna aparente quando se comparam os tamanhos de tais objetos. Não existem energias fundamentais que indiquem tamanhos de nebulosas como Orion, Águia ou Nebulosa do Caranguejo, estas são de um calibre completamente diferente e provavelmente surgiram de massas SL menores que foram catapultadas para a galáxia pela colisão inicial. Aqui as massas são mil vezes maiores. Como eu disse: 2-3 horas-luz: 4-6 anos-luz, essas nebulosas conhecidas são aproximadamente 20.000 vezes maiores.

A diminuição da energia de ligação de Q2 para N2 no núcleo solar provavelmente influenciará a expansão da coroa solar na gigante vermelha através da interligação dos 3 fluxos de energia que surgem ao mesmo tempo. Por um lado, o eletromagnetismo com a correspondente gravidade decrescente, depois a diminuição da descarga superficial dos núcleons, que se torna automaticamente perceptível com a diminuição da produção de neutrinos no impulso de energia de ligação de N2 a A2. Isto leva gradualmente a uma paralisação da fusão nuclear. Com um resultado irreversível. (Este processo leva milhões de anos) A coroa do Sol já não recebe qualquer reposição e a gigante vermelha (anteriormente o nosso Sol) gradualmente penetra nos planetas. No final do processo, tudo o que resta é uma pequena e quase imperceptível nebulosa de matéria com uma estrela de nêutrons no centro. Só agora a estrela de nêutrons se torna um míssil perigoso;

sua velocidade original quase não mudou, mas sua atração é incomparável, ou outros sóis que precisam se proteger dela com neutrinos. Já não tem efeitos de repulsão de neutrinos, que o protegiam de conluio como acontecia com o sol. A pequena esfera de nêutrons com um diâmetro de 10 a 20 km não é suficiente por si só para permitir que outros sóis se afastem dela. Esta proteção é perdida à medida que uma galáxia envelhece e depois acontece cada vez com mais frequência até que em algum ponto sóis, estrelas de nêutrons, etc., não existam mais. Então, a morte do Sol também existe no espaço. Nada é para sempre. O cancelamento desta energia de ligação N2 a A2 é causado principalmente pelo processo decrescente de solução de neutrinos para a produção de prótons e nêutrons, esse processo irreversível leva à morte do sol. Portanto, outra teoria poderia ser a secagem dos neutrinos da família dos quarks, porque então o fornecimento de N2 para a fusão nuclear é interrompido. Se pudéssemos agora examinar esta massa da estrela de nêutrons, descobriríamos que as partículas elementares (família dos quarks) estão agrupadas com os elétrons no espaço mais denso. Na sua forma atual, todas as 4 forças básicas que conhecemos estão localizadas nesta massa devido à gravidade. No entanto, a energia nuclear fraca e forte não pode mais se desenvolver. Ele permanece escondido nas garras da estrela de nêutrons. Meu palpite é que a gravidade está se tornando muito fraca e está no limiar onde termina o processo de fusão no mecanismo de dissolução dos quarks do núcleo. Não importa, o próximo acidente galáctico não demorará a chegar. Este processo de ligação de energia aconteceu na massa SL e só está no Sol após a queda para lentamente dissolver e reviver tudo e agora terminar na estrela de nêutrons após o término desta fase. Portanto, a fase de energia de ligação de Q2 a N2 não existe mais, a estrela de nêutrons agora consiste apenas na massa Q2 e N2. Não há mais fusão de N2 com A2 porque não há energia primária aqui para permitir que esse processo ocorra. Tudo o que resta é uma estrela pequena e relativamente forte com alta força magnética. Depois de milhões de anos provavelmente terá esfriado completamente e você não será mais capaz de vê-lo. A massa restante da estrela de nêutrons é retida, de modo que a fusão nuclear não pode mais ocorrer. Ele continua a voar, faz travessuras, funde-se com outros objetos ou seu destino o aguarda na massa do SL, onde ele pertence, apenas para começar de novo em algum ponto com mais massa.

Super Novas são provavelmente eventos bastante raros, onde duas estrelas de nêutrons (ou massas SL menores) colidem com muita força gravitacional. Muitas dessas massas SL menores são encontradas em todas as galáxias. Estes são simplesmente pedaços maiores que não entraram na fase de fusão nuclear porque ainda têm muita gravidade própria. Todos os outros fenómenos que ocorrem numa galáxia podem ser identificados e aceites com credibilidade nesta análise de fluxo de energia descrita. Super Novas são, portanto, objetos que causam estragos na fronteira entre estrelas de nêutrons e sóis ou pequenas massas SL e nos alegram com respeitáveis fogos de artifício no céu. Não creio que seja nada mais do que isso. Com este conceito de pensamento, nunca existem planetas com substância atômica fora do sistema solar. Quando um sol queima para formar uma estrela de nêutrons, seu sistema solar é sempre destruído. Esta matéria é então localizada nas nebulosas para ser absorvida mais rapidamente pela massa SL. Uma vez que o nosso Sol também terá este destino, tal como todos os outros, este processo de dissolução é uma acreditação eficiente para migrar rapidamente de volta para a massa SL, ou as estrelas de neutrões irão então encontrar-se e talvez criar uma supernova, assim também mais rápido pode ser absorvido. Estes são alguns traços de energia dos quais quase nada mais pode ser concluído. Também pode haver alguns fenômenos ilógicos entre as galáxias que não podem ser classificados ou para os quais não temos consideração. Se você observar uma galáxia nos mínimos detalhes, então tudo de alguma forma tem o direito de existir para funcionar suavemente na trilha dos fluxos de energia.

26.) Arquiteto da formação de braços espirais.

A idade do nosso universo é datada de 13,8 bilhões de anos. Isso não pode estar certo. Isto definitivamente tem que ser questionado, porque esta idade não é a de todo o universo, mas apenas a da nossa galáxia. A Terra foi estimada em cerca de 4,5 bilhões de anos hoje devido ao decaimento de isótopos, que é considerado um sólido compacto. A criação esfriou. Se não fosse como afirmo, todas as galáxias teriam que ter mais ou menos os mesmos tamanhos e estágios de desenvolvimento idênticos, mas isso não acontece; na verdade, algumas estão apenas agora começando a se desenvolver, outras estão apenas se dissolvendo. Até estruturas de galáxias se formaram, o que se deve claramente a um longo estágio de desenvolvimento. Mas isto é novamente típico dos nossos estudiosos, tal como sempre foi. Estamos no meio, como a visão de mundo geocêntrica, o sol gira em torno da terra, a terra é plana, então é um big bang para tudo, agora o universo também está se expandindo, a lista pode continuar e Hocus Pocus sai no final. Isso também pode ser chamado de pensamento mesquinho. Porque somos apenas um entre trilhões de Terras no universo, e continua aumentando. Isto não foi feito

apenas para nós, e não somos como no século I ou II, onde tudo girava em torno da Terra.
A idade também não é de 13,8 bilhões de anos para o universo! Os números podem ser inseridos aqui e você ficará tonto. Esta é uma das muitas provas lógicas que fazem com que a teoria do Big Bang (para todo o universo) tenha de ser rejeitada, muito pior: é simplesmente absurdo pensar tal coisa. É melhor ficar calado e aceitar a ignorância em vez de virar a cabeça de tanta gente.
A idade de uma galáxia pode ser estimada aproximadamente a partir dos braços espirais de várias galáxias. Somente com a orientação das energias que ocorrem em uma galáxia do início ao fim é que será possível fazer uma análise desta interessante e bela forma de braços espirais. Como toda galáxia, não importa quão grande seja, tende a formar um braço espiral, uma constante de formação de braço espiral também deve ser assumida. Isto é semelhante ao sistema solar com a mesma ferramenta de força gravitacional da matéria desconhecida. É aqui que todos os parâmetros se encontram para formar este fenômeno. Na minha opinião, esta formação dos braços espirais contém todas as evidências necessárias para uma formação galáctica auto-suficiente e não, como se supõe cientificamente, o Big Bang para todo o universo. No início há o pequeno Big Bang, ou melhor, o Big Bang da galáxia, quando duas massas SL detonam, colapsam ou explodem juntas. Uma nuvem com uma temperatura de milhões a bilhões de °C contendo fragmentos das massas do SL se espalha aqui a milhares de km/segundo.
A expansão dura mais de 300 milhões de anos, dependendo do tamanho da massa base das duas massas SL. Isto resulta num retorno relativamente rápido ao ponto central usando uma nova massa SL. Aproximadamente 30% das duas massas SL estão localizadas no envelope como uma nuvem de gás brilhante com um diâmetro de >50 mil a <1 milhão de anos-luz. Nossa galáxia tinha talvez 150-200 mil anos-luz de diâmetro quando era uma galáxia elíptica redonda. Para conseguir esta expansão, pode-se estimar uma velocidade média da nuvem de gás em torno de 2-3 milhões de km/h, inicialmente 4-5 milhões de km/h.
A queda dura milhões de anos, com cada vez mais sóis seguindo aqueles que já haviam voado à frente. Esta esteira espalhadora pode ser dimensionada em vários estágios. Os primeiros 1-3 esquadrões são levados ao espaço pelo alto impulso inicial e não retornam à galáxia mais tarde. Os outros esquadrões encontram a sua rotação orbital através de muitos obstáculos, pelo que a sua velocidade também é reduzida. Devido às diferentes forças gravitacionais, há muitas colisões nesta estrutura básica de bilhões de anos até que um formato

de disco seja finalmente alcançado. Cada galáxia tem braços espirais diferentes, assim como nós, humanos, temos impressões digitais diferentes. Isto por si só mostra que a galáxia foi formada de forma diferente. Durante a queda você tem que pensar sobre esse caos e jogar com todas as variantes, então você sempre acaba com a construção do braço em espiral. Tudo isso tem seu significado e você deve deixar essa inteligência natural derreter na boca sem engoli-la. O tempo que o nosso universo já teve e ainda terá, nós, como humanos, vivemos em menos de um tempo de Planck. Nos primeiros 3 mil milhões de anos, mais de metade dos sóis que partem são reabsorvidos pela massa SL. Principalmente os sóis que estavam acima e abaixo do futuro disco são afetados por isso; as forças atrativas são muito fortes aqui e a galáxia não quer tolerá-las lá. Isto pode ser observado em pequena escala em nossa Terra com as luzes do norte.

Diz-se que um fenómeno (os neutrinos) tem uma capacidade especial de garantir este ciclo dos sóis, que pode permanecer em torno do núcleo galáctico durante milhares de milhões de anos. Conforme explicado em outro lugar, os neutrinos têm uma força repulsiva de sol a sol. Se não fosse o caso, como explicado aqui, de tantas rotações orbitais dos sóis, eles se atrairiam através de suas forças gravitacionais e se fundiriam. Este fenômeno deve ser visto desta forma, caso contrário não há outra resposta. No entanto, as colisões ocorrem sob certas condições, mas pode-se aceitar que a taxa de acidentes é insignificante. Com esta contraforça (antigravidade), que é relativa à distância de outro sol, poderia ser comparada a um sistema de direção automático, onde aproximações destrutivas não podem ocorrer em uma trajetória paralela. Há também aqui mais evidências de que o núcleo do Sol consiste em matéria impenetrável para neutrinos. Se fosse feito de hidrogênio, como ainda se supõe cientificamente, os neutrinos voariam pelos outros sóis, o processo de repulsão não ocorreria e logicamente são inventadas energias escuras, o que então argumenta a ignorância e postula a expansão do espaço. Mesmo no próprio sol, a libertação precisa de energia não seria garantida porque os próprios neutrinos realizam a construção e dissolução das famílias de quarks e que podem então ligar-se para formar núcleons, a partir dos quais a energia primária é criada a partir deste processo em elementos atómicos. (Q2 a N2 e depois A2).

Através destas duas forças, a gravidade e a força repulsiva dos neutrinos, os braços espirais formam-se e, dependendo da densidade do Sol, alinham-se com estruturas numa grande variedade de formações. Outras propriedades energéticas não podem ser identificadas. Também não pode haver outra possibilidade de moldagem, uma vez que nenhum outro fluxo de energia pode

ser comprovado. Este processo pode ser atribuído a aproximadamente 5-12 bilhões de anos até que tais braços espirais fossem formados. (Dependendo do tamanho) As propriedades dessas energias de neutrinos podem definitivamente ser derivadas da análise incorreta usada para identificar a energia escura. Isto já foi resolvido através de outras soluções possíveis. Esta foi uma explicação introdutória superficial e certamente não é fácil de entender. Explicarei o próximo com exemplos para melhor compreensão.
Minha ideia de uma massa SL está brevemente listada novamente no esboço abaixo. Devido à sua própria gravidade, e isso é quase incompreensível para os nossos padrões, a já densa massa de 1cm3 pressiona cerca de 90 trilhões de kg ou mais, o que equivale a uma bola exatamente redonda com diâmetro em torno de 5 meses-luz ou mais. Com esse tamanho é garantido que será uma massa SL, pois certamente existem outras ainda maiores. Lembramos os 5 metros da cidade de Madrid ao comparar tamanhos. Em relação à nossa Terra, essa massa é sempre aproximadamente 1: quatrilhão ou até mais. Um exemplo de 1: quatrilhão. A água em nossa terra tem 4 estados físicos. O mais extremo é um plasma em milhões de °C da água. Depois o plasma passa para um gás muito quente a resfriado, depois vem o estado líquido e por fim o estado sólido, o gelo. O plasma em nosso exemplo seria o mundo atômico através do qual o Sol se expandiu, liberou e criou vida com todos os elementos. Se o plasma não fosse sugado ou arrefecido no início (primeiros 1-2 mil milhões de anos) da queda da massa SL, nomeadamente pela massa SL, ele permaneceria lá, não há mais nada para onde esta energia possa ser transferida. Porque a energia só vai do quente para o frio. (Lei da conservação da energia) É o mesmo na nossa terra. Somos inundados pela energia do sol. Como resultado, o Sol e todos os planetas perdem cada vez mais massa. Tal como aqui na Terra, a massa SL suga novamente o plasma (ou seja, o gás expandido que veio do Sol) de acordo com o princípio de uma bomba de calor e comprime-o como no compressor da bomba de calor. Porque este compressor na massa SL não tem mecânica como o da Terra. Comprime sua própria massa, como a água do mar, a uma profundidade de vários mil metros. (10.000 metros de profundidade da água = 1.000 bar). No entanto, a massa do SL está a cerca de 2^{12} km do centro desta esfera com um diâmetro de cerca de 5 meses-luz. Então, 2 trilhões de km. Nesta área central existem pressões logicamente diferentes. Nunca se pode saber quando qual estado agregado é alcançado. Quando o plasma atinge a superfície da singularidade, ele é absorvido e muda o estado do plasma para um estado gasoso. Agora o estado passa de A1 para N1 e o gás é pressionado na água. (Na realidade, a massa e tudo no universo são comprimidos, ou os elétrons são retirados dos átomos

(Esta é a morte da força nuclear fraca) Agora você pode fantasiar e assumir que de alguma forma, em uma certa profundidade, há tanta pressão que a compressão continua a progredir. Assumimos 500 bilhões de km. Da zona, o N1 vai então para a compressão Q1, de modo que a pressão absoluta da massa SL é alcançada. O gelo estaria então localizado aqui no núcleo. A água é transferida para a terra A energia é transferida para o frio e se comprime. De acordo com este princípio, sabemos que um ciclo de energia ocorre e nunca pode parar. Se você agora imaginar uma colisão entre duas massas SL superpesadas, você tem imaginar esta colisão como uma colisão na Terra, em comparação com uma reprodução de lapso de tempo superlenta. Se você gravar uma explosão de dinamite com uma câmera e depois quiser reproduzi-la, pode levar até 100 milhões de anos ou mais para a explosão atingir o anel externo da explosão. Se o raio tiver 100.000 anos-luz de largura e os sóis e pequenas massas SL seguirem o caminho da explosão a cerca de 1,2 ou 4 milhões de km/h, sabemos quando chegarão ao fim. Ao mesmo tempo, ao longo de vários milhões de anos, estas duas massas SL esfregam-se uma contra a outra e espalham biliões de pequenos pedaços da massa SL nos seus arredores. Como cada galáxia possui diferentes braços galácticos, isso só pode ser atribuído ao seguinte fenômeno. Isso pode resultar em pequenas massas SL entrando no universo como raios agitados. Imediatamente durante o mesmo período, a gravidade na massa SL aumenta enormemente novamente. Os sóis que se transformam em sóis podem começar a se formar dependendo do seu tamanho e com a antigravidade através dos neutrinos, eles podem encontrar a formação. Assim, a gravidade da massa SL, do Sol e dos neutrinos pode formar uma coordenação perfeita entre todos os sóis e todos os materiais. Você tem que imaginar isso no conceito geral para poder entendê-lo. Como resultado, cada galáxia perde uma porção de sua massa quando se forma, que é posteriormente devolvida por outras. Isso cria estruturas galácticas semelhantes a teias de aranha. Aqueles que podemos observar hoje têm trilhões ou mais de anos atrás deles porque esse motor nunca para. É um tanto absurdo acreditar que o universo começou há 14 bilhões de anos. Aqui está uma pequena lista do que precisa desaparecer de nossas cabeças para que possamos pensar com clareza novamente.

Buracos de minhoca, 11 dimensões, formação estelar instantânea, buracos brancos, formação instantânea do sistema solar, expansão do espaço, teoria do Big Bang para tudo, universos paralelos, energias escuras, matéria escura, neutrinos fantasmagóricos, curvatura do espaço-tempo, radiação Hawking, teoria do raio de Schwarzschild, teoria do espaço-tempo , teoria das supercordas, tudo sobre a constante de Hubble, paradoxo do buraco negro, radiação de fundo, certamente há mais alguns a acrescentar, mas minha exposição aqui neste livro simplesmente destrói todos esses fenômenos imaginativos, já que há apenas uma explicação para uma galáxia formação. Portanto, cada teoria proposta deve primeiro ser testada na lei da conservação da energia, bem como nas condições da estrutura física. Cada expressão listada falharia ou falharia.

Circulação da nossa galáxia entre o SL e os sóis.

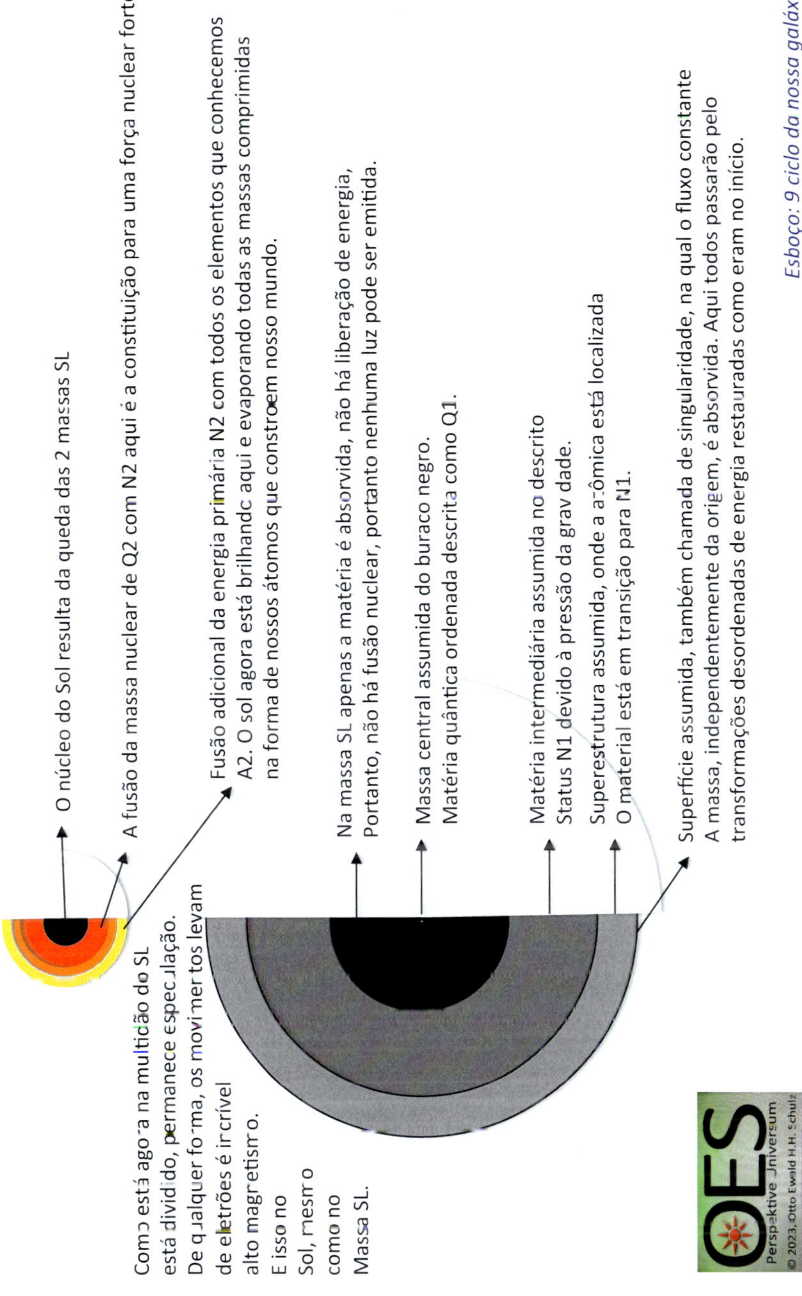

Esboço: 9 ciclo da nossa galáxia.

26.1.) Comparação entre uma bomba de calor e uma galáxia.

Este princípio pode ser muito bem comparado para obter ainda mais compreensão da massa SL. Porque tudo no universo se origina dessa massa. Assumimos que a massa SL é o mais importante, tal como o compressor numa bomba de calor. A massa SL atrai tudo o que se move ao seu redor, assim como o compressor, que suga a mistura de gases do evaporador. O que a massa SL faz com toda a matéria aspirada? Comprime-o com a sua própria massa através da força da gravidade, resultante da sua elevada gravidade. O compressor faz a mesma coisa, comprime a mistura de gases e assim aumenta a pressão no lado da expansão. Isso também acontece na massa do SL, que mudou no tempo ao longo de bilhões de anos. Então o que acontece no SL ao longo de muitos anos é o que o compressor faz constantemente quando funciona. Portanto, a pequena diferença deslocada no tempo é apenas a expansão da massa SL. Como já explicado, isso só pode ser causado pela pane, que também acontece com o compressor durante o funcionamento. Se esta massa SL for distribuída em triliões de pequenos pedaços, pode ser comparada à expansão da válvula no circuito da bomba de calor. Com os trilhões de pequenos sóis e massas SL que são então distribuídos em órbita, a evaporação dos sóis começa, assim como o gás atrás da válvula de pressão de uma bomba de calor, o que significa que o gás se expande e retorna à forma que tinha originalmente. Os sóis fazem a mesma coisa, produzem seus sistemas solares, criam vida e no evaporador onde o gás se expandiu nos proporciona um resfriamento agradável em dias de altas temperaturas. Assim, o ciclo é retomado com a chegada dos sóis ejetados após o término do suprimento de energia da massa SL. A única diferença está no tempo de expiração entre os dois sistemas comparados. Uma vez que o sistema de bomba de calor tem de ser um circuito de bomba de calor completamente fechado, também pode dizer-se que existe um circuito fechado numa extensão de aproximadamente 100.000 mil milhões de anos-luz. Foi aí que os neutrinos chegaram com a sua energia dinâmica. Isso também acontece com todas as outras galáxias, o que acaba levando a interessantes estruturas galácticas. Com essas orientações, vocês, queridos leitores, poderão desenvolver ainda mais suas próprias ideias, utilizando todos os parâmetros das energias conhecidas que foram listadas aqui.

27.) Nuvem de Oort.

A nuvem de Oort, com o seu raio atual de aproximadamente 1-1,5 anos-luz e mais, medido a partir do Sol, irá provavelmente afastar-se lentamente do Sol e, em algum momento, afastar-se do campo gravitacional solar. Originalmente, imaginei que a nuvem de Oort fosse formada pelo efeito de condensação a 4-5 horas-luz de distância do sol (talvez um pouco menos? Mas definitivamente em relação ao tamanho do sol) porque até hoje ela continua a se afastar ainda mais. . Causado por um pulso do vento solar à medida que o espaço ao redor do sol esfriava (raio de 4-5 horas-luz) e o vento solar com energia de reposição atuou na nuvem de Oort para causar um pulso. Este foi o momento em que o espaço esfriou a partir de um raio de cerca de 5 horas-luz e continuou a esfriar, o que continua até hoje. Isso aconteceu há cerca de 6 a 7 bilhões de anos. Aqui o local e o momento para um estado agregado formar os primeiros pedaços de matéria no estado líquido eram ótimos. Como a energia sempre passa do quente para o frio, esse processo é compreensível. A matéria formadora veio das substâncias do vento solar, que ficou preso no ambiente mais quente durante bilhões de anos e foi o material de construção de nossos planetas e luas. Como a pressão mais alta procura compensar a pressão mais baixa, não há outro argumento que possa falar contra o fato de que aqui surgiu um impulso para a nuvem de Oort. Portanto, a pressão externa transformou a nuvem de Oort em uma concha protetora através do efeito de condensação. As condições para a condensação ideal não poderiam ter sido melhores nos primeiros bilhões de anos após a queda, a pressão com a temperatura do vento solar no espaço era alta e a temperatura do espaço ao redor do vento solar era mais alta, então houve um equalização da pressão de dentro para fora Só é possível que o impulso tenha surgido aqui e impulsionado a nuvem de Oort para fora. Porém, este princípio só funciona se a pressão interna aumentar e ao mesmo tempo a temperatura externa diminuir com a pressão. São necessários bilhões de anos para chegar a esse ponto. Agora você determina a distância atual da nuvem de Oortsche de aproximadamente 1,2 anos-luz e calcula a velocidade do pulso. 10 trilhões de km correspondem a cerca de 1,2 anos-luz, que são divididos por 6 bilhões de anos, então você obtém 1.660 km/ano e depois exclui com uma velocidade de pulso de cerca de 150 metros/h durante um período de condensação de cerca de 1 bilhão de anos, porque isso A largura ou espessura da nuvem de Oort é de 0,2-0,3 anos-luz. Como a nuvem de Oort se formou como uma bola protetora ao redor do sistema solar, ela não tem influência da gravidade do

Sol na formação do disco, como foi completado com sucesso pelo Sol nos planetas desenvolvidos posteriormente. Isto é apenas uma feliz coincidência ou este processo pode ser incluído na constante do sistema solar? Não, isso não é uma coincidência, este é um plano perfeito. Este processo de condensação deve ter continuado durante milhares de milhões de anos devido à espessura da nuvem de Oort. Só então a densidade de condensação atingiu o nível próximo à consequente formação do disco, caso contrário os pedaços do Cinturão de Kuiper também teriam ido parar na nuvem de Oort.

28.) Ciência da Fusão Nuclear do Reator de Fusão Nuclear.

Em algum momento no futuro próximo, a ciência da fusão nuclear sofrerá um choque, porque as minhas declarações provavelmente não serão capazes de parar estes grandes projectos de reactores de fusão nuclear numa geração. Isto não só vira a ciência de cabeça para baixo, como se torna até ridículo e sem a minha intenção, porque aqui (não só no projecto ITER em França, mas também em todo o mundo) a nossa ciência está a tentar construir uma máquina de movimento perpétuo. Sabemos que isso não funciona! Vivemos em um mundo atômico onde a energia só pode ser convertida. O urânio e o plutônio também foram fundidos como um núcleo atômico, utilizando muita energia e liberando essa energia anteriormente aplicada por meio da fissão. Não é uma geração, apenas uma transformação com um sabor amargo na divisão dos átomos.
Portanto, ao reator de fusão nuclear só pode ser negada sua capacidade ilusória, isso machuca minha alma, mas você não pode obter energia ilimitada por meio de um sonho irreal. Tem um cadeado ali, você tem que ver. A lei da conservação da energia simplesmente não permite isso. Aqui, cientistas de alto escalão deveriam refletir cuidadosamente sobre meus pensamentos. O segredo está escondido no centro de gravidade da força nuclear fraca e forte. Com a liberação da energia de ligação do 1º Q2 ao N2 e do 2º N2 ao A2, essa energia primária é necessária para futuros processos de fusão nuclear! Não os temos mais na Terra, eles só existem no sol. No nosso caso, o plasma tem que ser construído até 100 milhões de graus a partir da energia convencional para poder então controlá-lo com forte magnetismo. Isso faz parte da energia primária.
Muitos consultores, cientistas e responsáveis, bem como representantes políticos de todas as nações, têm grandes expectativas nesta tecnologia de fusão nuclear há cerca de 50 anos, caso contrário centenas de milhares de

milhões de euros não teriam sido investidos em investigação. Parece promissor, mas as aparências enganam. O sol não é feito de hidrogênio. Uma simples análise errada leva ao fiasco. Uma falsa crença leva a investimentos incríveis e com grandes expectativas, pois quem investiria se não houvesse expectativas? Para mudar o rumo para as energias renováveis, estas ilusões da energia de fusão nuclear devem primeiro ser postas de lado.
Estamos falando aqui de energias renováveis de vários tipos que podem ser utilizadas em nossa terra; elas só vêm do sol e apenas no momento da presença. Todos nós sabemos disso e não é novidade! A tentativa de criar uma máquina de movimento perpétuo tem sido um sonho da humanidade há centenas de anos, mas hoje tais ideias não são mais aceitas pelo escritório de patentes. Não pode mais ser discutido, é simplesmente absurdo. Até o Grande Da Vinci tentou e não funcionou de jeito nenhum! Mas o que ele sabia há tantos anos?
Porque vivemos num mundo em que as energias de ligação dos átomos estão quase na fase final de interação. As exceções são os elementos radioativos com suas radiações alfa, beta e gama aqui na Terra. Para entender melhor e avaliar melhor essas radioatividades desagradáveis, vamos dar uma olhada na curva de nuclídeos dos elementos. Você percebe rapidamente que, desde o hidrogênio mais simples até os elementos mais complicados, apenas prótons e nêutrons com elétrons diferentes sobem para o topo da curva de nuclídeos. Esta formação dos mais diversos elementos não é uma coincidência e não está simplesmente disponível ao sol. Para criá-los, a energia de ligação deve ser liberada. Isso significa que a energia liberada quando um átomo se divide é pelo menos a mesma energia que os uniu. As energias originais, ou seja, as energias primárias antes da fusão nuclear variam do átomo de hidrogênio para cima, não são os átomos inteiros na curva do nuclídeo. Como exemplo compreensível, imagine que o núcleo do Sol consiste em partículas elementares que não podem ser vistas individualmente com um microscópio eletrônico. Cada partícula elementar pertence à família dos quarks. Existem alguns que são ainda menores. (ver neutrinos) Pequenos núcleons redondos se formam a partir dessas minúsculas partículas, que liberam energia para se ligarem. Cada núcleon é um próton ou um nêutron. Os elétrons correm entre todos esses núcleons. Através de teorias do puro acaso, todos os elementos possíveis são formados e, assim, colocam em movimento um amplo espectro de decaimentos beta positivos e negativos. Esses núcleons têm a energia de ligação comprimida da camada atômica anterior antes de serem agregados à massa SL. Se esta interacção de energia de ligação for libertada e uma camada atómica puder formar-se, é criado um novo átomo.Neste processo, é libertada

mais energia do que seria mais tarde o caso com outra fusão nuclear de hidrogénio em hélio. Em outras palavras, esta é a pressão de compressão de energia (compressão gravitacional da dinâmica quântica) que foi necessária para comprimir um cm3 de um km3. Esta é a energia primária que falta num reator de fusão nuclear na Terra. Como esse átomo de hidrogênio é o mais simples, é também o mais produzido. O hélio está intimamente ligado a isso e se torna o átomo de hélio através da fusão nuclear com o hidrogênio H^2 e H^3, entre outras coisas. Esta energia de ligação é expressa no sol através de diferentes energias.
A partir daqui existem duas forças básicas diferentes, por um lado a força nuclear fraca e a força nuclear forte sem 1ª e 2ª energia de ligação apenas para definir os núcleos atômicos com seus elétrons. Como eles só existem no mundo atômico e como os conhecemos em nossa terra. Repelidos pelo vento solar, eles chegam até à nossa Terra através da aurora boreal e caem na nossa Terra como átomos e moléculas. Mais de 99% deste vento solar é enviado de volta para a massa SL da galáxia através da heliosfera. Durante os primeiros 8 mil milhões de anos, este vento solar foi capturado pelo espaço mais quente com a protecção da nuvem de Oort, a partir da qual os planetas se formaram.

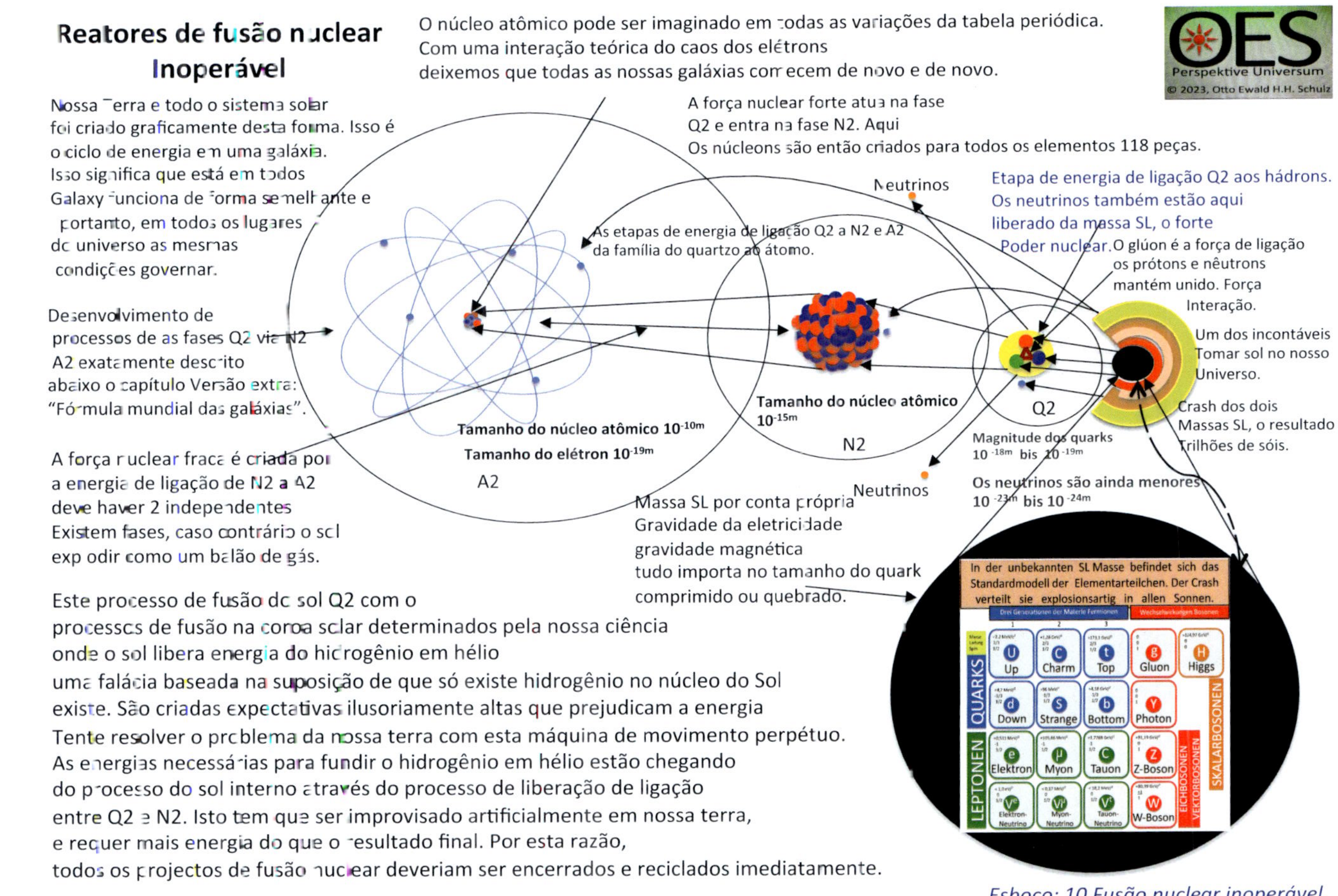

Esboço: 10 Fusão nuclear inoperável.

29.) Neutrino Energy Ficção Científica do Futuro ou Realidade?

Se você olhar para algo como os neutrinos, este é um desenvolvimento dessa tecnologia que pode ser comparado ao primeiro código Morse em um smartphone. Portanto, hoje estamos na era do código Morse dos neutrinos. Surge a questão: aonde a tecnologia dos neutrinos pode nos levar?
Já está claro para mim que não preciso esperar pelos 5 anos de análise de dados de medição do Katrin (escalas de neutrinos), os neutrinos têm massa, isso é certo! Embora possa ser apenas 1 eV/neutrino, isso não importa, mas no final eles somam dezenas de bilhões por cm2 por segundo. Graças à fórmula mundial que estabeleci, sei com que energias estamos realmente lidando na coroa solar ou no núcleo solar. A constante solar luminosa e térmica da produção de energia do Sol atinge a atmosfera externa da Terra em 1.367 watts/m^2. No entanto, a energia dos neutrinos é mais de 1.000 vezes maior. É claro que isso parece improvável à primeira vista, mas não é improvável. O pré-requisito é o processo constante entre a liberação da primeira energia de ligação. Q2 a N2 (ver matéria desconhecida) Muito mais energia é liberada permanentemente aqui do que no processo de fusão nuclear entre hidrogênio e hélio, o que também contribui para isso. Porque todos os decaimentos +ß e –ß no Sol enriquecem a maior proporção de neutrinos em torno da curva de nuclídeo estável. Originalmente, os neutrinos não se destinavam a permitir aos humanos extrair energia deles na forma direta de corrente elétrica. Ou talvez como um duplo efeito? Aqui você tem que ver a galáxia como um todo novamente, com todos os seus sóis localizados em uma galáxia. Vamos imaginar duas galáxias na sua forma magnífica, Andrómeda e a nossa Via Láctea. Ambas as galáxias ainda estão separadas por cerca de 2,5 milhões de anos-luz. Ambas as galáxias identificaram-se uma com a outra através da sua gravidade e correm uma em direção à outra, mas são desaceleradas pelos neutrinos. Em algum ponto, o ponto entre a força atrativa dos dois e a força repulsiva da interação dos neutrinos atuará sobre as massas dos outros sóis das galáxias. Cada uma das duas galáxias inevitavelmente lança neutrinos na direção da outra e, através dessa ejeção de massa, empurra os neutrinos para os outros sóis. Com bastante imaginação, este efeito também pode ser interpretado como energia escura. Como os sóis têm uma massa central de singularidade absoluta, os neutrinos não podem voar através desta massa; no nosso caso, na massa atómica dos planetas, eles voam através da elevada porosidade das camadas atómicas. Esta é a prova repetida de que

o Sol não pode ser feito de hidrogénio. Assim, as duas galáxias se afastam de uma certa abordagem de ponto morto. Somente quando uma galáxia morre é que 2 massas SL podem se encontrar novamente. Os neutrinos mantêm as duas galáxias distantes porque a uma certa distância esse efeito é mais forte que a gravidade, ponto no qual o ponto morto entre as duas é alcançado. Para entender melhor este exemplo, segure uma mangueira de água com jato sobre uma lona plástica, a lona plástica é afastada. (Jato de água = neutrinos, folha de plástico = massa SL e núcleos solares) Da mesma forma no sentido oposto na outra galáxia. Por exemplo, a lona plástica é a massa nuclear solar, neutrino de tamanho 10^{-24m}, contra a singularidade absoluta da família dos quarks, que não permite voar através desta massa densa. Ou segure a mesma mangueira de água em uma rede de malha grossa, a rede (rede = conchas atômicas) não se move, a água voa sem impedimentos, aqui o tamanho do neutrino é de 10^{-24m} versus a massa atômica de 10^{-9m}. A rede de malha grossa é o mundo atômico das conchas atômicas em que vivemos. O neutrino é 1.000.000.000.000.000 de vezes menor que uma concha atômica. Veja, a rede de malha grossa é um eufemismo grosseiro e serve apenas para ajudar na compreensão. Na realidade, se um neutrino fosse do tamanho de uma bola de ténis, a malha da rede teria 7 mil milhões de quilómetros de largura. Isso já foi explicado. Duas vezes é melhor que nada. Esta aproximação das duas galáxias é mantida à distância pelos neutrinos até que todos os sóis tenham recuado para a massa SL ao longo de milhares de milhões de anos. Este processo funciona como um relógio perfeito e se funde, e é por isso que raramente vemos galáxias misturando-se umas com as outras, apenas em simulações de computador programadas incorretamente. Pela lógica, de outra forma seria possível observar 15-20% das galáxias nesse estágio, ou até mais. Portanto, não há mistura de galáxias até que todos ou quase todos os sóis tenham sido credenciados. É tudo apenas uma questão de rastreamento de energia legível. Qualquer pessoa que entenda esse sistema está no caminho certo.

Essa energia permanente dos neutrinos é encontrada em todas as áreas do espaço, mas com intensidades diferentes. A concentração de neutrinos diminui proporcionalmente com a distância, assim como a radiação térmica e a intensidade da luz. O mesmo efeito também ocorre na própria galáxia, com os sóis afastando-se uns dos outros para que não possam colidir, mas só se desenvolve quando a direção do voo é paralela; não há solução para uma rota de colisão. Este efeito não tem nada a ver com a matéria escura, que funciona de maneira um pouco diferente. (veja matéria escura)

Para tornar a era dos neutrinos do código Morse um pouco mais emocionante para tempos orientados para o futuro, minha imaginação é estimulada. Já existem filmes para coleta de correntes que ainda não são eficientes para aproveitamento de energia elétrica. Uma vez que uma ideia nasce e a pesquisa não para até que o fluxo máximo de energia possa ser extraído dela, talvez 100 anos se passem novamente, mas o que são esses curtos tempos na idade da nossa terra que ainda está por vir? Embora eu pessoalmente ache que não podemos nem transportar esse material para cá para gerar energia elétrica, esse já deveria ser um cenário teórico, praticamente é IMPOSSÍVEL. Com esta tecnologia, as versões de ficção científica tornam-se factos reais? Com esta energia de neutrinos, os carros podem voar sem nunca reabastecer, e até velocidades supersónicas são possíveis através da produção direta com hidrogénio no veículo. Mesmo com pouca imaginação você pode voar para outras estrelas, o que seria impossível sem essa fonte de energia no seu modo de pensar. Um novo capítulo é aberto aqui e possibilidades sem precedentes levam ao desafio da tecnologia de neutrinos. Com o computador quântico ou o seu sucessor, estou mais convencido de que os humanos criarão uma interface com o hipotálamo para os humanos e garantirão a vida eterna através da manipulação hormonal. Por exemplo, uma pessoa viveria normalmente até 30 anos e depois, através da manipulação dos hormônios, sua idade biológica seria redefinida para 20 anos, que então vai e volta até o infinito. Mas isso é apenas o começo. A questão de saber se já sabemos como o universo surgiu ainda permanece em aberto. A não ser que existam outras ideias, o que leva a ciência a tomar o rumo, porque primeiro há sempre uma ideia, que depois é discutida e claro criticada, o que leva ao progresso.
Mas agora voltando à energia dos neutrinos. O que penso agora sobre os neutrinos é algo que ninguém jamais pensou antes, porque na natureza tudo tem um significado, por que funciona da maneira que funciona e para que é utilizado. Pensamos apenas na radiação solar; sem ela a vida não teria surgido. Os neutrinos são criados pelo decaimento beta + e beta – nas camadas inferiores até a coroa solar. A explicação da possível distância a outros sóis e galáxias é uma possível estrutura energética que pode surgir aqui. O que é ainda mais provável é demonstrado pela produção superconstante de energia do Sol.
A escala mais precisa do mundo; Isso é mais que uma obra-prima, INCRÍVEL! https://youtu.be/1w_B0xeR3jo?si=c_i51meYm3IKIcsJ
Portanto, se o Sol fosse feito de hidrogênio, ocorreriam flutuações e isso poderia até levar à destruição total. É um sistema muito inseguro para ser

incendiado. Deve haver algo mais: hidrogénio e hélio como energia primária do Sol simplesmente não são possíveis.
O processo de fusão nuclear começou logo após o sol se separar da massa SL e se inflamar devido à enorme temperatura (< bilhões de °C) porque também adquiriu gravidade própria, ou seja, foi aliviado da pressão gravitacional absoluta. No mesmo momento começaram as fusões nucleares com os decaimentos beta e agora acontece: "Os neutrinos começaram o seu trabalho de se repelirem dos outros detritos (sóis e massas SL mas muito menores), mas também com o bombardeamento de neutrinos em direcção ao seu próprio sol atirar". Você pode imaginá-lo como um soprador de areia, que atinge o núcleo do Sol de todas as direções e com uma distância curta, ou seja, com alta intensidade, da coroa solar ao núcleo solar.
Não resta mais nada, porque 30-40% de cada decaimento beta atinge o núcleo do Sol. Os neutrinos restantes são emitidos pelo sol. O núcleo do Sol tem singularidade absoluta, ou seja, todas as partículas elementares são fortemente comprimidas em pura simetria pelo Sol anteriormente localizado na massa SL, não há como os neutrinos voarem através desta massa, impenetrável para os neutrinos. Aqui, o grande número destes neutrinos cria um sistema de solução seguro, através do qual as famílias de quarks se unem a partir da sua massa altamente comprimida através da segunda energia de ligação e formam neutrões e protões como um núcleon. Por exemplo, em termos de compreensão, este processo pode ser comparado à queima de madeira no nosso planeta. Ao compará-los, você ganha um sentimento de paridade. A massa do sol foi comprimida pela gravidade na massa SL e a madeira foi produzida de forma compressiva pela energia do sol por meio da fotossíntese. Ambas as energias armazenadas em uma proporção de aproximadamente 10^{18}:1 unidades. Até a ignição pode ser comparada ao sol durante um acidente com uma temperatura incrivelmente alta. Talvez até com a mesma proporção das duas unidades. A situação não é diferente com a madeira: também aqui um fósforo não é suficiente. As temperaturas (150°C) devem primeiro ser atingidas para que o gás possa escapar da madeira para queima. Na queima ocorre primeiro na 2ª energia de ligação ao sol é a formação de núcleons, o que pode ser equiparado à formação de gás quente no interior da madeira.
Na primeira etapa de ligação à camada atômica com sequência de fusão nuclear no Sol, haveria então a conversão da molécula de carbono com oxigênio em dióxido de carbono no processo de queima de madeira, aqui o fogo ardente. Em ambos os casos, a energia é liberada na mesma proporção. A iniciativa regulamentada para liberação contínua de energia também tem

comportamento idêntico. Por um lado, no Sol, através dos neutrinos que bombardeiam o manto central, e na madeira, através do oxigênio na área ao redor da madeira. Se você aumentasse o suprimento de oxigênio para a madeira, ela queimaria mais rápido e com mais força. É provável que este processo tenha um efeito semelhante no Sol, aumentando mais neutrinos para o núcleo solar. Os neutrinos regulam um processo contínuo e seguro de formação de fusão. Provavelmente não demorará muito para que este fenômeno seja confirmado cientificamente. (O suprimento de neutrinos não estaria então disponível para a estrela de nêutrons) (O oxigênio estaria então faltando para o carvão) Os resultados da pesquisa podem já estar muito próximos. Mas, repetidamente, estão a ser feitos novos investimentos com o dinheiro dos nossos impostos na desesperada fusão nuclear. Este facto refuta finalmente a tentativa dos físicos nucleares de gerar energia através de reactores de fusão nuclear na nossa Terra. (como exemplo o ITER em França, investimento de dois dígitos mil milhões)

30.) Consumo de energia mundial por ano.

As alterações climáticas não são apenas um tema que tem circulado por todo o mundo desde ontem. Para convencer também os cépticos aqui, também podemos dizer: Livrem-se dos combustíveis fósseis o mais rapidamente possível! Estes compostos de carbono muito importantes não devem ser queimados tão facilmente, quem sabe para que os utilizaremos num futuro distante. Os ativistas cada vez mais fortes a favor de uma transição energética exortam os políticos a agir. Embora ainda haja um número suficiente de decisores políticos que não querem ver este processo, tais atitudes egoístas influenciarão as responsabilidades de todas as nações. Só conceitos inteligentes com pouca ou nenhuma perda económica para os países em causa podem proporcionar alívio aos últimos pensadores laterais. Em geral, a razão progride continuamente, mas em projetos muito grandes nunca se chega a conclusões totais. A ONU poderia formar aqui uma hierarquia global para que o processo de destruição causado pela libertação de energia fóssil fique sob controlo.
Para que o desvio para energias renováveis seja bem sucedido, deve ser muitas vezes superior à actual expansão da energia primária a nível mundial, para que a compensação possa ocorrer em algum momento. Estou falando do consumo atual de energia de 200.000 terawatts/h por ano em todo o mundo + uma expansão/ano de aproximadamente 3-4%, o que é (apenas?) exigido por

toda a humanidade. Portanto, pelo menos 6.000-7.000 terawatts/h de produção de energia renovável em electricidade, calor e frio por ano devem ser ecologicamente convertidos em energia renovável. Tão claramente instalado através de energia fotovoltaica e absorção infravermelha, bem como energia fria. A energia eólica apresenta-se com elevada resistência ecológica, tal como as turbinas eólicas offshore devido ao posterior complexo processo de reciclagem e à amortização tardia, acompanhada das elevadas perdas de energia para o consumidor. A sustentabilidade destes sistemas não tem futuro. Estas instalações são um legado de proteção ambiental para as gerações futuras. Tal como já explicado noutras secções, a fusão nuclear para gerar energia não pode constituir uma solução para a energia fóssil. Neste momento, apenas a energia dos neutrinos permanece no processo evolutivo com um resultado espectacular? Não estou convencido de que haverá um avanço em algum momento, e é por isso que compartilho a opinião dos físicos aqui de que provavelmente não funcionará na prática. Mais sobre isso na Neutrino Energy para formar sua opinião. Todos os outros tipos de energia renovável estão esgotados ou podem ser utilizados até certo ponto, mas a sua produção nunca atinge a faixa dos terawatts e, portanto, é desinteressante para o conceito geral de fazer a diferença nas alterações climáticas.

31.) Energia renovável em combustível fóssil.

Para que todos entendam o que isto significa, sistemas de energia com uma produção inferior a 100 terawatts/h por ano estão actualmente a ser instalados em todo o mundo. Contudo, a expansão global da energia primária é 70-90 vezes superior, o que significa que o consumo de combustíveis fósseis deve logicamente aumentar rapidamente. Por exemplo, você teria que embarcar em um trem que viaja 70 vezes mais rápido do que você consegue correr. Para um velocista viajando a 35 km/h, isso significaria cerca de 2.000 km/h que teria que ser alcançado. Como isso deveria funcionar?
Aqui está uma breve visão geral das quantidades de combustíveis fósseis que são convertidas em diferentes tipos de energia em todo o mundo a cada segundo.
140m^3 de petróleo/seg, 280m^3 de carvão/seg. e aproximadamente 140.000 m^3 de gás natural/seg, com o gás natural tendendo a aumentar mais rapidamente e o carvão a abrandar um pouco, mas ambos, em última análise, expandem-se.

Isto significa que as atuais instalações de energia renovável reduzem a expansão de 3-4% para 2,8-3,8%. Ninguém chega lá assim!
A transformação do desastre ecológico da superfície natural da terra para o asfaltamento, concretagem e desmatamento de áreas florestais para monoculturas para a agricultura continua em ascensão. Isso é cerca de 4.000 m^2/seg. Em todo o mundo e contribui para o desastre do aspecto ecológico.
O processo de saturação da poupança de energia através de novas tecnologias aumentou nos últimos 30 anos e dificilmente poderá ser melhorado significativamente. Tal como em alguns sectores, os limites foram atingidos e a única opção que restou foi tentar a fraude de software. Ainda há muito potencial no setor imobiliário que também é orientado para o futuro nos sistemas de energia. Na agricultura, a tendência mudou para orgânica devido à saúde das pessoas, o que significa que é necessário fornecer uma maior quantidade de energia. Com a mobilidade elétrica, as emissões de CO_2 só são transferidas de um canto para o outro. Isto não é benéfico para as emissões de CO_2 em todo o mundo. Aqui, os impostos sobre as emissões de CO_2 enganam os consumidores, mas não aliviam o fardo sobre o ambiente ou as alterações climáticas. Pelo contrário, a poluição por CO_2 em todo o mundo está a aumentar devido à mobilidade dos automóveis eléctricos, porque a energia eléctrica não é verde, mas é obtida a partir de combustíveis fósseis, e as perdas são inevitáveis. Da mesma forma, o carro elétrico não é o futuro em si.

Existem muitas perspectivas negativas, sendo o meu ponto principal as baterias. Este sistema de armazenamento de energia esconde problemas desde a produção até à reciclagem que nada têm a ver com sustentabilidade. A independência das matérias-primas, por si só, não pode conduzir a uma concorrência neutra a nível mundial.
É por isso que defendo pessoalmente a propulsão a hidrogénio, que deverá ser apoiada por uma propulsão eléctrica com um híbrido até que a tecnologia esteja totalmente desenvolvida. Um alcance máximo de 30-50 km é ideal. Digo isto porque no trânsito urbano, ou seja, em viagens curtas em stop and go, a energia pode ser poupada, e a energia de travagem também pode ser realimentada na bateria, claro, também em viagens mais longas com hidrogénio ou propulsão eléctrica. Se a tecnologia também incluir células solares como design, dificilmente será possível melhorá-la. A água está disponível em todos os lugares e a eletricidade deve ser verde.

32.) Solução para as alterações climáticas.

Como surgirá ou poderá surgir uma solução final tão gigantesca? O monstro crescente e consumidor de energia de quase 8 mil milhões de pessoas precisa deste alimento para sobreviver.
Em primeiro lugar, gostaria de dizer que ninguém aqui conseguiu ainda abordar esta procura cada vez maior de energia.
Além disso, existem outras condições de enquadramento ecológico às quais nós, humanos, devemos aderir, caso contrário destruiremos na frente o que está a ser construído atrás.
Deve, portanto, ser eficiente, ecológico, funcional a longo prazo, não susceptível de reparações, poder ser utilizado em quase qualquer lugar, poder ser implementado rapidamente, poder ser fabricado industrialmente, ser vantajoso em todos os aspectos, poder resistir às forças da natureza e, melhor ainda, , pode ser financiado economicamente como uma iniciativa independente, de modo que cada construtor o queira e seja independente dele no fornecimento de energia. Isto é, obviamente, uma pedra no sapato das empresas de energia. Mas o que queremos agora? Continuar a obter lucros elevados ou parar as alterações climáticas?
Para eliminar todas as dúvidas, para que se possa implementar uma tendência global para este conceito, para que a exploração desta forma renovável de energia se concretize, é necessário, como já foi referido, desactivar a tecnologia de fusão nuclear para focar na a necessidade de melhorias e de parar o investimento nestas experiências. Os recursos devem ser redirecionados para o conceito de energia renovável.
A energia primária para este conceito vem diretamente e somente do sol. As células fotovoltaicas são resfriadas abaixo das células e a energia do meio é armazenada em tubos de perfuração subterrâneos profundos até 200 metros de profundidade no solo, onde a energia se espalha e permanece. Isto dura todo o verão, exceto nos dias em que é necessário aquecimento e esta energia é utilizada imediatamente. Tal como esta energia térmica permanente do verão, a energia fria do inverno também é armazenada em regiões mais distantes da Terra. Tão profundamente na terra. A eletricidade é gerada de forma altamente eficiente porque o processo de resfriamento não permite que a eficiência da geração de eletricidade caia em aproximadamente 25-40%. A energia térmica, desde que disponível, é captada durante todo o ano, principalmente nos meses de verão, e depois utilizada no inverno sem tecnologia de bomba de calor.

Se a energia geotérmica cair para valores críticos, a bomba de calor entra em ação. Tal sistema pode ser implementado usando nossa tecnologia em termos de tecnologia de controle. Temperaturas de fluxo até um máximo de 25°C. Da mesma forma, as células solares são aquecidas no inverno para que o frio seja armazenado. Isso significa que essa energia fria é utilizada no ar condicionado no verão para converter energia elétrica. Isto significa que a energia fria pode ser diretamente equiparada à eficiência termodinâmica como energia elétrica. Em latitudes como Nova Iorque, Espanha, Itália, Rússia, etc., temperaturas congelantes inferiores a -20°C não são incomuns no inverno. No verão são superiores a 40°C, onde não existe melhor eficiência com outros sistemas. Estes edifícios já não necessitam de energia adicional; pelo contrário, libertam energia eléctrica para a rede. Dependendo da escala em que estes sistemas podem ser construídos, eles apoiam-se mutuamente. Estão, portanto, a ser criadas ligações descentralizadas para garantir o abastecimento durante os primeiros 100 anos com centrais de bioenergia, centrais de hidrogénio, centrais de energia eólica e outras centrais de energia renovável. Uma vez que a produção total é suficiente para o abastecimento autossuficiente, a energia é utilizada para a produção de hidrogénio e para o carregamento de baterias de veículos motorizados. Isto não pode ser evitado como uma solução temporária. Isso cria centros de energia que podem ser conectados entre si em fases posteriores. (A implementação deste conceito é o regresso desde que Rockefeller alimentou a energia fóssil com a sua lamparina a óleo.) A expansão das linhas aéreas de alta tensão terá então de ser utilizada apenas de forma limitada. É melhor mudar gradualmente de corrente alternada para corrente contínua, porque as perdas nas correntes parasitas resultam no desperdício de grandes quantidades de energia e não podem ser coletadas. Esta é a vantagem da corrente contínua, como nos nossos carros. Quase tudo numa casa economizadora de energia funciona em corrente contínua. Se alguém precisar de corrente alternada, existem conversores apropriados que podem ajudar. A implementação de tal conceito assemelha-se inicialmente à construção de uma máquina de guerra para se libertar das amarras desta energia fóssil. Serão necessárias gerações, mas a nossa criatividade, que através da nossa inteligência será a força motriz desta fase inovadora, está a transformar a nossa Terra num futuro estável e com boas perspectivas. A destruição causada pelas alterações climáticas causa danos incríveis à nossa cultura em todo o mundo e ceifa mais vidas todos os anos, para não falar da agricultura, devido a períodos de seca e inundações, incluindo furacões e tornados.

Até a construção dos edifícios é revolucionária e necessária para este processo. Isto em termos de isolamento, tecnologia interna e distribuição de energia para uma habitabilidade saudável. Do ponto de vista ecológico, a eficiência máxima é alcançada por metro quadrado, mas ainda é possível conseguir mais.

Um breve cálculo de implementação fornece informações sobre o volume desta estratégia de sobrevivência de um bilião de euros. Todos sabemos que, se esta situação for claramente compreendida, é possível alcançá-la. Nós, humanos, somos capazes de tudo, só precisa ser alcançado através de alta motivação. A procura de uma decisão para afastar este conceito só surge quando surge uma alternativa melhor. É claro que não é fácil separar uma energia tão enorme dos veios fósseis. Isto inclui todas as medidas se nós, como seres humanos, quisermos parar as emissões de CO_2 e reduzi-las novamente com energias renováveis. Pessoalmente, não conheço outra opção como esta solução para as alterações climáticas com este potencial. A energia térmica e fria por si só excede todas as expectativas e excede em muito a produção de electricidade por um factor de 5. Um aspecto importante é também o rendimento altamente eficiente por m^2. Energia fotovoltaica e solar térmica.

Neste momento, as instalações de energia verde estão na faixa dos terawatts e, portanto, não chegam nem perto da faixa de expansão na faixa dos petawatts.

As bases teriam de ser lançadas aqui na Europa para que se pudesse espalhar para outros continentes.

Conceitos interessantes poderiam ser concebidos para futuros construtores com esta solução que se autoperpetua, porque a energia é um dos custos mais caros para uma casa e não sabemos o que o futuro nos promete. Ao mesmo tempo, devem ser tomadas medidas para que todas as grandes empresas, que há anos prejudicam o nosso ambiente através de emissões impiedosas de CO_2, possam enriquecer financeiramente, tudo à custa do público em geral. Todas as empresas e indivíduos ricos deveriam voluntariamente chegar à conclusão de que têm de pagar a conta que as alterações climáticas nos estão a pagar hoje. Se os responsáveis na altura pelo desenvolvimento da industrialização soubessem das actuais alterações climáticas, não creio que houvesse quaisquer medidas para fazer alguma coisa a respeito. Hoje em dia a medida das coisas foi alcançada. É por isso que agora é a hora de agir.

Coletores solares híbridos para 4 tipos de energia + eficiência melhorada
resfriando as células solares no verão com o altamente eficiente Rendimento energético.

1. Energia fotovoltaica de até aproximadamente 250 watts de pico/m2
2. Tipo de energia energia solar térmica aproximadamente 300-600 watts. 3. Tipo de energia: energia fria aproximadamente 400 watts.
4. Tipo de energia através de energia fotovoltaica Resfriamento no verão até 35% + para o Perdas por aquecimento (220 watts).

Energia solar térmica
No verão e em dias ensolarados dias, mesmo no inverno.
Através dos 4 tipos de energia aprox. 1100-1200 KW/m2 /pico/ano

Energia fria no gelo criar temporadas energia adicional para o verão e que equivalente à energia fotovoltaica.

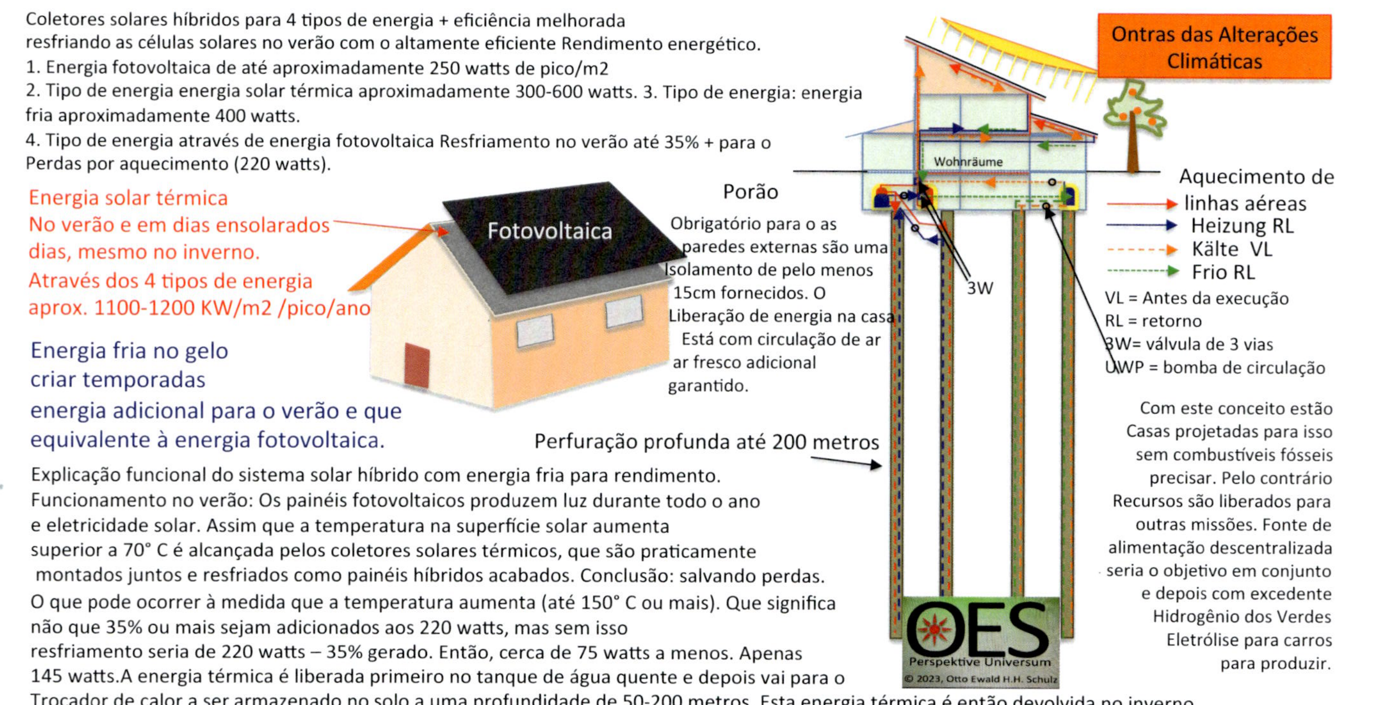

Com este conceito estão Casas projetadas para isso sem combustíveis fósseis precisar. Pelo contrário Recursos são liberados para outras missões. Fonte de alimentação descentralizada seria o objetivo em conjunto e depois com excedente Hidrogênio dos Verdes Eletrólise para carros para produzir.

Explicação funcional do sistema solar híbrido com energia fria para rendimento. Funcionamento no verão: Os painéis fotovoltaicos produzem luz durante todo o ano e eletricidade solar. Assim que a temperatura na superfície solar aumenta superior a 70° C é alcançada pelos coletores solares térmicos, que são praticamente montados juntos e resfriados como painéis híbridos acabados. Conclusão: salvando perdas. O que pode ocorrer à medida que a temperatura aumenta (até 150° C ou mais). Que significa não que 35% ou mais sejam adicionados aos 220 watts, mas sem isso resfriamento seria de 220 watts – 35% gerado. Então, cerca de 75 watts a menos. Apenas 145 watts.A energia térmica é liberada primeiro no tanque de água quente e depois vai para o Trocador de calor a ser armazenado no solo a uma profundidade de 50-200 metros. Esta energia térmica é então devolvida no inverno transferido para dentro de casa. Com uma área de cobertura de 400 metros quadrados, são cerca de 160.000 kWh por ano. Suficiente para aquecimento e água quente, sem aditivos de combustíveis. Funcionamento no inverno: A água quente é produzida durante o dia quando o sol está brilhando e quando não há energia entra direto o aquecimento de toda a casa. Quando as temperaturas são geladas durante o dia e principalmente à noite, o frio é absorvido pela energia térmica solar Os coletores são armazenados no solo, portanto o calor (4°C a 12°C) vem do solo e aquece os painéis (a neve se torna derretido) para que a energia fotovoltaica possa produzir melhor eletricidade no dia seguinte. Esta energia fria é elétrica Equacione energia, porque no verão só é possível climatizar os espaços habitacionais com ar condicionado. Eles precisam de eletricidade. Esta energia fria é então utilizada no verão para secar o ar interior e a eletricidade é poupada.

Esboço:11 Contra as mudanças climáticas .

33.) Dependemos do gotejamento de energia.

A pesquisa realizada com a maioria da nossa população mostra quais necessidades são prioritárias. Presumo que todos os entrevistados estão relativamente bem e que são pessoas que, como cidadãos normais, são afectadas pelas diversas áreas problemáticas.
A inflação é a principal prioridade, mas o que isso tem a ver com energia? Há muito tempo, quando a energia fluía barata (pelos nossos padrões), apenas uma pequena proporção dos inquiridos via-a como um fardo. Isto mudou subitamente desde a guerra na Ucrânia. O pânico eclodiu e os preços da energia só dispararam, o que se reflectiu em todos os sectores, encarecendo os produtos essenciais e provocando uma inflação elevada. Quanto maior se torna a sua independência, mais despreocupado você terá para confiar na energia, mas somente se todos entenderem para seguir esse caminho. A energia também está envolvida na provisão de pensões; deve ser garantida para que o Estado possa financiar futuras contribuições para pensões. Neste sistema complexo é dado apenas um exemplo: se os preços da energia continuarem a subir e as empresas considerarem transferir a sua produção para o estrangeiro, haverá falta de trabalhadores e de receitas fiscais. Se nenhuma contramedida for tomada, isso levará a um fiasco e você terá que realmente se preocupar. Quando se trata de habitação, o gato morde o próprio rabo, o que significa: a inflação sobe, há menos capital disponível, os empréstimos tornam-se mais caros porque as taxas de juro mais elevadas abrandam a inflação. Os materiais de construção e os trabalhadores também são activados por mecanismos inflacionários, de modo que também aqui o devedor responsável é a energia. Mesmo agora, a energia só chega ao palco através das urnas. Por esse motivo, escrevo algo para pensar no último capítulo. Só que outro problema como migração, inteligência artificial, pandemia vem depois. Há uma quantidade incrível de energia escondida na migração, aqueles que vêm pedir asilo não têm nada além das suas vidas e o Estado tem que acolhê-los, sustentá-los e mostrar solidariedade através de leis que foram criadas. Como os cupins, eles comem e perfuram o tesouro do estado. Se agora quero dizer algo sobre inteligência artificial, não é fácil para mim, gostaria de compará-la com a invenção do carro. Imagine como os primeiros carros foram produzidos e depois vendidos gradualmente: a gasolina só estava disponível na farmácia. Hoje estamos no mesmo nivel da IA. O Kaiser Wilhelm disse apenas: Este é apenas um fenômeno temporário. Você pode dizer o mesmo sobre a IA hoje? Então eu não sou o Kaiser

Wilhelm, talvez você seja? Por esta razão há um desenvolvimento semelhante, só que muito mais rápido. O que eu pessoalmente vejo chegando à IA é um imposto sobre o manuseio e o uso específico. Porque em algum momento o computador quântico e a IA criarão uma interface com nossos genes, por meio da qual o controle hormonal poderá ser ativado. Isso significa que todos podem sempre se manter jovens e só morrer se forem despedaçados em um acidente. Ainda não se sabe até que ponto a IA irá impactar o abastecimento e a segurança, mas a energia irá certamente desempenhar um grande papel. Portanto, é claro que a luta contra as alterações climáticas deve começar com todo o entusiasmo agora, e é melhor começar ontem. Eu próprio apresentei argumentos científicos de que a fusão nuclear não pode funcionar. Vamos ver quando será implementado.
Tudo o que escrevi aqui deve resistir a duras críticas. Da mesma forma, tudo deve ser viável e viável para que um plano de viabilidade possa ser implementado.

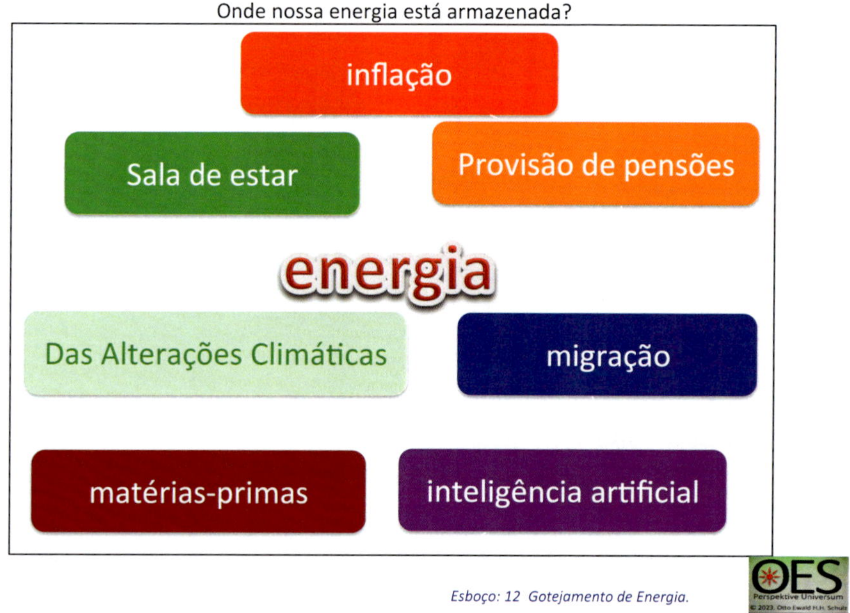

Esboço: 12 Gotejamento de Energia.

O Universo de Perspectiva da Fórmula
revela a visão de mundo para o universo visível.

Obrigado pela sua atenção e espero que você tenha entendido bem este livro.

Reflexões e anotações deste livro desde cerca de 2014 até hoje, 12 de outubro de 2023

Youcanprint
Terminou a pressão em janeiro de 2024

Zeitfracht Medien GmbH
Ferdinand-Jühlke-Straße 7
99095 Erfurt, Deutschland
produktsicherheit@kolibri360.de

Druck:
CPI Druckdienstleistungen GmbH
im Auftrag der
Zeitfracht Medien GmbH
Ein Unternehmen der Zeitfracht - Gruppe
Ferdinand-Jühlke-Str. 7
99095 Erfurt